JN015312

原理が わかる 信号処理

長谷山 美紀

共立出版

まえがき

ディジタル化・ICT 化の急激な発展により，私たちの身の回りにある情報の多くが，ディジタルで扱われるようになってきた．さらに，通信インフラの強靭化，Internet of Things (IoT) の浸透，人工知能 (AI) の高度化などにより，情報科学技術が社会の隅々まで普及してきたことは言うまでもない．私たちの生活基盤となりつつある，この情報科学技術を支える最も重要な技術が信号処理であり，本書は，信号処理の基礎の習得を目指して書かれている．信号処理の基礎となるアナログ信号とディジタル信号の違いから始まり，フーリエ変換の原理，離散時間信号における処理まで，広く学ぶことができる．

本書は，大学の情報系学科において，信号処理・画像処理とそれらの応用に関する教育に従事してきた著者が執筆したものであり，初めて信号処理を学ぶ方が教科書・参考書として利用できるよう，以下の点に配慮している．

(1) 多くの図表を配置することで，初学者にも理解しやすいように設計した．

(2) 例題・演習・章末問題を豊富に取り入れ，特に，例題は解答を付すことで理解を容易にした．

(3) Column を適宜配置し，記載内容や式の背景となる情報を提供することで，考察・議論を深めた．

本書により，信号処理の基礎を理解することができ，より高度な専門書の理解に繋がることを信じている．

本書を出版するにあたり，お世話頂いた共立出版 (株) の関係各位に深くお礼申し上げます．

2021 年 8 月

長谷山 美紀

目　次

1

アナログ信号とディジタル信号

　自然界には，様々な信号が存在し，我々はこれらの信号から大量の情報を得
ている．一般に，自然界の信号は，アナログ信号と呼ばれ，一方，コンピュー
タで処理される信号はディジタル信号と呼ばれる．本章では，これらアナログ
信号とディジタル信号の関係について学ぶ．

　アナログ信号 (analog signal) とは，時間的にすき間なく，その振幅も滑らか
に変化している信号である（図 1.1 (a)）．一方，ディジタル信号 (digital signal)
とは，変数および測定値の両者に対して離散化された信号である（図 1.1 (d)）.
では，アナログ信号をディジタル信号に変換するためには，どのような処理を
行えばよいだろうか？

　アナログ信号をディジタル信号に変換するためには，**サンプリング** (sampling)
と**量子化** (quantization) と呼ばれる処理が行われる．サンプリングとは，日本語
で標本化と呼ばれ，信号の値を離散的な時間で抜き出す操作のことをいう．つ
まり，変数（通常は時刻）に対する離散化である．このとき，サンプリングを
行う間隔を，サンプリング周期 (sampling period) と呼ぶ．通常は，このサンプ
リング周期は等間隔とする．一方，量子化とは，信号の値を離散的な値に変換
する操作である．このサンプリングと量子化を行うことで，アナログ信号は離
散信号に変換される．さらに，得られた離散信号の各時刻の値を 2 進数（0, 1
のコード）に変換することで，ディジタル信号が得られる．ちなみに，サンプ
リングが行われた（時間的に離散化された）信号は，量子化処理の有無に関わ
らず離散時間信号 (discrete-time signal) と呼ばれる（表 1.1）.

　ここで，信号を計算機で処理する場合を考える．アナログ信号は連続的な時
間と値で定義された信号であるが，計算機には連続値を表現するデータ型が存

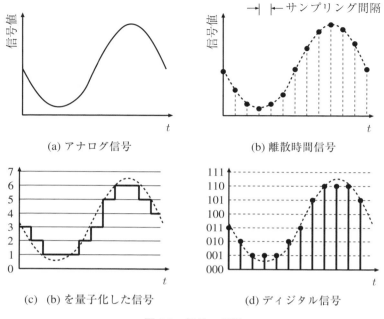

(a) アナログ信号

(b) 離散時間信号

(c) (b) を量子化した信号

(d) ディジタル信号

図 1.1 信号の分類

表 1.1 信号の分類

アナログ信号	時間と値が共に連続な信号（図 1.1 (a)）
離散時間信号	時間が離散な信号（図 1.1 (b), (c), (d)）
ディジタル信号	時間と値が共に離散で，値が 2 進数に変換された信号（図 1.1 (d)）

在せず，計算機でアナログ信号を表現することは不可能である．一方，アナログ信号をディジタル信号に変換することで，信号は離散的な時間と値で定義される信号となり，計算機上で扱うことが可能となる．

1.1 量子化

実際にどのようにサンプリングと量子化を行うかを説明する．まず，簡単な

量子化から説明する[1]. 上述したように，量子化とは，連続的な値で表現された観測信号（アナログ信号）の信号値を離散化することである. この離散化の方法としては，例えば四捨五入が考えられる. 5.2314··· を四捨五入で 5 とするように，有限な桁数でその値を表現することである. 例えば，いま，0 ~ 10 V の電圧を量子化数 8 ビット (bit)[2]で量子化する方法について，図 1.2 を見ながら考えてみよう. 0 V に量子化数の最小値，10 V に最大値を割り当てる. ここで，8 ビットは

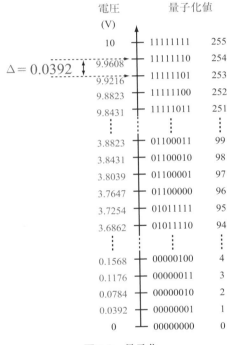

図 **1.2**　量子化

$$[11111111]_2 = (255)_{10} \tag{1.1}$$

であるから，0 V に $(0)_{10}$ が，10 V に $(255)_{10}$ が割り当てられ，0 V と 10 V の間は，255 段階に等分された値となる．このとき，量子化値の幅 Δ（量子化幅と呼ばれる）は，

$$\Delta = \frac{1}{255} \times 10 \,[\text{V}] = 0.0392 \,[\text{V}] \tag{1.2}$$

となる．

　さらに，このような量子化が行われるとき，入力値が 3.82 V であったとして，この値に対応する量子化値を求めてみよう．

$$\frac{3.82}{10} \times 255 = 97.41 \tag{1.3}$$

より，量子化値は $97 = [01100001]_2$ と $98 = [011000010]_2$ の間に位置し，3.82 V の量子化値は，より近い $[01100001]_2$ となる．

　上の例からわかるように，観測値を量子化した際，実際の値と量子化値には誤差が生じる．この誤差を**量子化誤差** (quantization error) と呼ぶ．ここで，量子化誤差の最大値はどのような値になるか考えてみる．例えば，図 1.2 の一部分を拡大して表示した図 1.3 において，観測値（アナログ値）が矢印の値として，その矢印を移動すると，量子化誤差が，隣接する量子化値の中点において最大となることがわかる．すなわち，量子化幅 Δ の 1/2，つまり，$\Delta/2$ が量

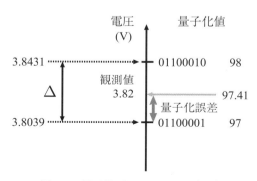

図 1.3　量子化（図 1.2 の拡大表示）

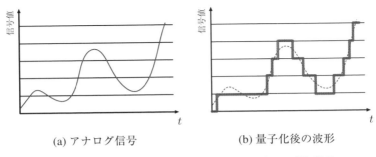

(a) アナログ信号   (b) 量子化後の波形

図 **1.4** 量子化誤差によって量子化後の波形がひずむ様子

子化誤差の最大値となる．したがって，量子化幅を決定すると，おのずと量子化誤差の最大値（最大量子化誤差と呼ばれる）が決定されることになる．例えば，先に示した $0 \sim 10\,\mathrm{V}$ の電圧を量子化した例では，

$$\Delta/2 = 0.0392/2 = 0.0196 \tag{1.4}$$

が最大量子化誤差となる．

W を量子化対象の最小値と最大値の幅，n を量子化数として，最大量子化誤差の一般式を示すと次のようになる．

$$\Delta/2 = \frac{1}{2} \cdot \frac{W}{2^n - 1} \tag{1.5}$$

ここで，量子化誤差によって量子化後の波形がひずむ様子を図 1.4 を用いて観察してみよう．図 1.4 を見ると，量子化を行うことで，実際の波形よりも大きな変動を示したり，小さな変動を示したりする部分が存在することがわかる．この量子化後の波形のひずみを，量子化によって雑音が混入したと考え，**量子化雑音** (quantization noise) と呼ぶ．

当然ながら，ユーザは量子化後も量子化前の信号により似ている信号を得たいと考える．すなわち，それは量子化誤差を小さくすることに対応し，そのためには量子化幅を小さくすればよい．しかしながら，量子化幅を小さく設定した場合，1 つの信号値を表す際の桁数が増加し，その結果，信号全体を表現するために必要なデータ量が増加する．したがって，許容される量子化誤差とデータ量のトレードオフにより，量子化幅を決定する必要がある．

演習 1 | 量子化数の決定

最大量子化誤差が ± 0.1 V の精度で，−50 〜 50 V の範囲で測定したい．
このとき，必要とされる最小の量子化数は何ビットか？

1.2 サンプリング

既に説明したように，アナログ信号をディジタル信号に変換するためには，サンプリングと量子化を行う必要がある．ここで，サンプリングは，時刻に対する離散化であり，サンプリングのみ行った信号を離散時間信号と呼ぶことは既に述べた．では，実際にどのようにしてサンプリングを行えばよいだろうか？

時刻に対する離散化を行うための幅を**サンプリング周期** (sampling period)（または**サンプリング間隔** (sampling interval)）と呼び，T で表す．これに伴い，**サンプリング周波数** (sampling frequency) f_s はサンプリング周期の逆数である $f_s = 1/T$ となる．したがって，サンプリング周期 T を決めれば，サンプリング周波数 f_s は一意に決定されることとなる．信号をサンプリングするためには，まず，このサンプリング周期 T を決めなければならない．それでは，このサンプリング周期 T の値によって，サンプリング後に得られる離散時間信号にどのような影響が現れるか調べてみよう．

例えば，図 1.5 (a) に示されるアナログ信号 $f(t)$ が与えられたとする．ただし，$f(t)$ は以下で定義される周期 P の正弦波であると仮定[3]する．

$$f(t) = \sin \frac{2\pi}{P} t \tag{1.6}$$

いま，この信号 $f(t)$ をサンプリング周期 T を周期 P に比べ，充分に小さな値に設定するとき，サンプリング後に得られた信号（図 1.5 (b)）は，元のアナログ信号の形状に近くなる．しかしながら，T を小さく設定すると，一定時間内に得られる離散時間信号のサンプル数が増加し，結果として，信号全体を表現するために必要なデータ量が増加する．つまり，データ量とサンプリング後に

---

[3] この仮定が一般性を損なわない理由については，次章の「信号と周波数 −フーリエ変換−」で明らかとなる．

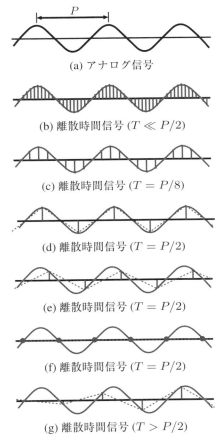

(a) アナログ信号

(b) 離散時間信号 $(T \ll P/2)$

(c) 離散時間信号 $(T = P/8)$

(d) 離散時間信号 $(T = P/2)$

(e) 離散時間信号 $(T = P/2)$

(f) 離散時間信号 $(T = P/2)$

(g) 離散時間信号 $(T > P/2)$

図 1.5 サンプリング周期 T による離散時間信号の変動

得られる信号の誤差には，トレードオフの関係があることがわかる．では，量子化と同様に，元のアナログ信号とサンプリング後の信号の誤差を考えて，T を設定すればよいだろうか？ しかしながら，実際には，サンプリング後の信号には，各サンプル間に値が存在せず，そのように T を設定することは困難となる．

そこで，サンプリング周期 T が与える影響について，さらに詳しく図1.5を用いて考えてみる．図 1.5 (b) に示したように，T が信号の周期 P よりも充分

に小さい場合，元のアナログ信号を充分に再現することが可能となることは既に述べた．また，このように T を小さく設定すると，データ量が増加してしまい，問題であることも述べた．そこで，そのような問題を生じずに，なおかつ，サンプリング後の信号が元のアナログ信号を充分に再現するように，徐々に T の値を大きくして，どの程度まで大きくできるのか考えてみよう．

いま，図 1.5 (c) に，$T = P/8$ の場合を示す．離散信号はアナログ信号を再現していると考えられる．さらに，T を大きくしてみよう．図 1.5 (d) に $T = P/2$ の場合を示す．この場合も，アナログ信号を再現しているように見える．しかしながら，同じ $T = P/2$ でも，図 1.5 (e) に示すように，サンプリングを行う時刻を少しずらすと，離散信号の形状は，その周期 P は同じであるものの，振幅が小さく，原信号と異なっていることがわかる．さらにずらすと，図 1.5 (f) では，離散信号の振幅値はすべて 0 となり，元のアナログ信号とは全く異なる信号となってしまう．

さらに T を $P/2$ よりも大きくした例を図 1.5 (g) に示す．この図を見ると，サンプリング後に得られた信号は，元のアナログ信号の周期 P とは異なる周期の信号であるだけでなく，その振幅は各時刻によってその最大値が異なっている．さらに T を $P/2$ よりもより大きくしてゆくと，図 1.5 (g) と同様に，元のアナログ信号と全く異なる信号が得られ，それらからアナログ信号を再現することは不可能となる．

これより，元のアナログ信号を再現でき，かつ信号を表現するデータ量を最小とするサンプリング周期 T の限界値は $T = P/2$ であることが予想される．この予想は，現時点ではあくまでも予想であるが，実は理論的にもナイキストの**サンプリング定理** (sampling theorem) として，サンプリング周期 T を決定する根拠として知られている．

サンプリング定理を以下に示す．ただし，サンプリング定理の詳細は，第 3 章で述べる．

もし，サンプリング定理を満足しないサンプリング周波数でサンプリングす
ると，どのような現象が起こるか考えてみよう．図 1.5 (g) に示したように，こ
の場合，元のアナログ信号には存在しない周波数成分が現れる．さらにその様
子を図 1.6 を用いて確認してみる．図 1.6 (a) の周期 P の正弦波を，$T > P/2$
となるサンプリング周期 T でサンプリングすると，図 1.6 (c) が得られる．得
られた信号値をなだらかに繋いで信号を再現してみると，図 1.6 (c) の実線とな
る．実線により表された信号の周波数は，元のアナログ信号の周波数に比べて
低い成分であることがわかる．この現象を，**エイリアシング** (aliasing)（折り返

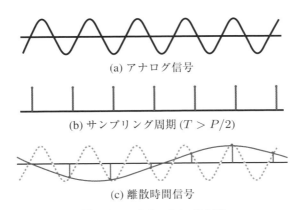

(a) アナログ信号

(b) サンプリング周期 $(T > P/2)$

(c) 離散時間信号

図 **1.6** エイリアシングの例

しひずみ）という[4].

演習2 サンプリング定理の応用

アナログ信号

$$x(t) = \cos(2\pi f_1 t) + \cos(2\pi f_2 t)$$

を再現できるようにサンプリングしたい. サンプリング周波数をどのように設定すればよいか. ただし, $f_1 = 1\,[\text{kHz}]$, $f_2 = 1.5\,[\text{kHz}]$ とする.

Column 1　身近なサンプリング周波数

サンプリング周波数 f_s における身近な例を示す.

● 電話：　　　　$f_s = 8.0\,[\text{kHz}]$
● CD：　　　　　$f_s = 44.1\,[\text{kHz}]$
● テレビ：　　　$f_s = 14.318\,[\text{kHz}]$
● 音声信号：　　$f_s = 10.0\,[\text{kHz}]$
● 日常会話：　　$f_s = 8.0 \sim 10.0\,[\text{kHz}]$

---

[4] エイリアシングの例としては, テレビや映画で車が移動する場面において現れる. 車がゆっくり走っているとき, 車輪は肉眼で見るのと同じように回転して見える. しかしながら, 車が加速すると, 車輪の回転が逆に遅く見えてくる. この現象がエイリアシングである. 映画は1秒間に24コマのカメラで撮影される. すなわち, 24コマ／秒でサンプリングされている. このため, 車輪の回転数がある一定速度より大きく（周波数が高く）なると, エイリアシングが生じることとなる.

─── 章末問題 ───

問 1.1 アナログ信号の最高周波数が 200 Hz の場合，サンプリング周波数はど
のように設定すればよいか答えなさい．また，そのとき，サンプリン
グ間隔はどのように設定されるのか答えなさい．

問 1.2 アナログ信号の周波数が 2 Hz のとき，サンプリング周波数を 3 Hz と
してサンプリングした．このとき，何 Hz の信号が観測されるか答えな
さい．

2

信号と周波数
－フーリエ変換－

　今まで「周波数」という言葉を定義せずに使用してきたが,「周波数」には
フーリエ変換における周波数やウェーヴレット変換における周波数等, 様々な
種類の波が存在し, 各々に周波数が存在する. 本書では,「周波数」という言葉
は, フーリエ変換の周波数を表すものとする. これに伴い,「最高周波数」や
「主要帯域」という言葉も, フーリエ変換における周波数に基づくものとする.
　フーリエ変換は, 与えられた信号を周期信号の和に変換することによって,
時間領域あるいは空間領域の信号が, どのような周波数成分を持っているかを
知るための変換である. 本章では, フーリエ変換の定義から始め, その性質を
復習する.

2.1　フーリエ変換の定義

　フーリエ変換 (Fourier transform) は, 信号を積分によって変換する方法の 1
つであり, 次式で定義される.

$$X(\omega) = \int_{-\infty}^{\infty} x(t)e^{-j\omega t}dt \tag{2.1}$$

ただし, $x(t)$ は, フーリエ変換を施す非周期なアナログ信号[1), j は虚数単位,
ω は角周波数を表し, 角周波数 ω と周波数 f の関係は, $\omega = 2\pi f$ で表され
る. また, フーリエ変換により得られた $X(\omega)$ を**フーリエスペクトル** (Fourier

[1) フーリエ変換が存在するための十分条件として, 信号 $x(t)$ が絶対積分可能 $\int_{-\infty}^{\infty} |x(t)|dt < \infty$
であることが知られている.

Column 2　フーリエ解析

与えられた信号について，どの周波数がどれだけの割合で含まれている
のか調べることを周波数解析という．特に，与えられた信号を，様々な
周波数を持つ正弦波に分解して性質を調べることをフーリエ解析 (Fourier
analysis) という．本章で学ぶフーリエ変換は，このフーリエ解析の 1 つ
と位置付けられる．フーリエ解析は，下図に示すように，解析対象とす
る信号が周期信号であるか否かによって，2 つに大別される．さらに，こ
の 2 つの区分は，各々アナログ信号を解析対象とするか，離散時間信号
を対象とするかによって 2 つに区別される．フーリエ変換は，非周期ア
ナログ信号を対象としたフーリエ解析となる．

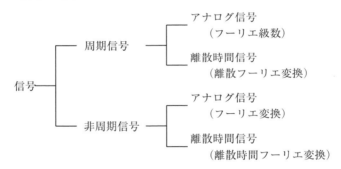

spectrum)[2]と呼ぶ．

　ここで，上式の $e^{-j\omega t}$ を他の関数に変更することによって，コサイン変換や
他の変換の定義式が得られ，この部分を積分核と呼ぶ．つまり，フーリエ変換
は，積分核が $e^{-j\omega t}$ である積分変換といえる．

　また，フーリエスペクトル $X(\omega)$ から，信号 $x(t)$ を求める逆フーリエ変換
(inverse Fourier transform) は次式で定義される．

$$x(t) = \frac{1}{2\pi} \int_{-\infty}^{\infty} X(\omega)e^{j\omega t}d\omega \tag{2.2}$$

---

[2] スペクトル密度とも呼ばれるが，本書では単にスペクトルと記述する．

このフーリエ変換と逆フーリエ変換の関係をまとめて**フーリエ変換対** (Fourier transform pair) と呼ぶ．記号については様々な表記方法があるが，本書では以下を用いる．

$$X(\omega) = \mathcal{F}\{x(t)\} \tag{2.3}$$
$$x(t) = \mathcal{F}^{-1}\{X(\omega)\} \tag{2.4}$$

式 (2.1) に示された定義式について，さらに考えてみる．いま，**オイラーの公式**[3]より

$$e^{j\omega t} = \cos\omega t + j\sin\omega t \tag{2.5}$$

であり，式 (2.1) 右辺に上式を代入して変形すると次式が得られる．

$$X(\omega) = \int_{-\infty}^{\infty} x(t)\{\cos\omega t - j\sin\omega t\}dt$$
$$= \int_{-\infty}^{\infty} x(t)\cos\omega t\, dt - j\int_{-\infty}^{\infty} x(t)\sin\omega t\, dt \tag{2.6}$$

さらに，信号 $x(t)$ が実数値を与える信号（実信号と呼ぶ）であるとすると，フーリエ変換を施した場合，$\int_{-\infty}^{\infty} x(t)\cos\omega t\, dt$ により得られる実部と $-\int_{-\infty}^{\infty} x(t)\sin\omega t\, dt$ により得られる虚部の 2 つが算出される．つまり，$\int_{-\infty}^{\infty} x(t)\sin\omega t\, dt \neq 0$ のとき，フーリエ変換により得られた $X(\omega)$ は，複素数となることがわかる．さらに，フーリエ変換の実部を $X_R(\omega)$，虚部を $X_I(\omega)$ で表すとき，次式で定義される $|X(\omega)|$ を**振幅スペクトル** (magnitude spectrum) と呼ぶ．

$$|X(\omega)| = \sqrt{\{X_R(\omega)\}^2 + \{X_I(\omega)\}^2} \tag{2.7}$$

また，次式で定義される $\Phi(\omega)$ を**位相スペクトル** (phase spectrum) と呼ぶ．

$$\Phi(\omega) = \tan^{-1}\frac{X_I(\omega)}{X_R(\omega)} \tag{2.8}$$

さらに，次式で定義される $P(\omega)$ を**エネルギースペクトル** (energy spectrum density) と呼ぶ．

---

[3] オイラーの公式：$e^{j\omega t} = \cos\omega t + j\sin\omega t,\ e^{-j\omega t} = \cos\omega t - j\sin\omega t$

$$P(\omega) = \{X_R(\omega)\}^2 + \{X_I(\omega)\}^2 \tag{2.9}$$

　先に述べたように，フーリエスペクトル $X(\omega)$ は，ω を変数とする複素関数である．したがって，$X(\omega)$ が ω の変化に伴ってどのように変化するのかを示したい場合には，実部 $X_R(\omega)$ と虚部 $X_I(\omega)$ の両方を提示することになる．しかしながら，一般には $X_R(\omega)$ と $X_I(\omega)$ を示さずに，振幅スペクトル $|X(\omega)|$ と位相スペクトル $\Phi(\omega)$ を示す[4]．

■ 例題 1　フーリエ変換の例　－三角波のフーリエ変換－

図 2.1 に示す，高さが T で幅 $2T$ の三
角波

$$x(t) = -|t| + T \quad (|t| \le T) \tag{2.10}$$

のフーリエ変換 $X(\omega)$ を求めなさい．

図 2.1　高さが T で幅 $2T$ の三角波

□ 例題解答 1

フーリエ変換の式 (2.1) により，以下のように解くことができる．

$$
\begin{aligned}
X(\omega) &= \int_{-\infty}^{\infty} x(t)e^{-j\omega t}dt \\
&= \int_{-T}^{0} (t+T)\,e^{-j\omega t}dt + \int_{0}^{T} (-t+T)\,e^{-j\omega t}dt \\
&= \left[(t+T)\frac{e^{-j\omega t}}{-j\omega}\right]_{-T}^{0} - \int_{-T}^{0}\frac{e^{-j\omega t}}{-j\omega}dt \\
&\quad + \left[(-t+T)\frac{e^{-j\omega t}}{-j\omega}\right]_{0}^{T} - \int_{0}^{T} -\frac{e^{-j\omega t}}{-j\omega}dt
\end{aligned}
$$

---

[4] この振幅スペクトルは，音響信号では音圧と深い関係があり，重要である．一方，人間の聴覚は位相特性を認識できないと言われている．そのため，信号解析においては，振幅スペクトルを調べることが重要となってくる．画像信号においては，人間は位相特性も認識できるため，振幅スペクトルだけでなく，位相スペクトルも重要となる．

$$= \left[(t+T)\frac{e^{-j\omega t}}{-j\omega} - \frac{e^{-j\omega t}}{(-j\omega)^2}\right]_{-T}^{0} + \left[(-t+T)\frac{e^{-j\omega t}}{-j\omega} + \frac{e^{-j\omega t}}{(-j\omega)^2}\right]_{0}^{T}$$

$$= \frac{1}{\omega^2}\left(2 - e^{-j\omega T} - e^{j\omega T}\right)$$

$$= \frac{1}{\omega^2}\left(2 - 2\cos\omega T\right)$$

$$= \frac{4}{\omega^2}\sin^2\frac{\omega T}{2}\quad\left(= T^2\mathrm{sinc}^2\frac{\omega T}{2}\right) \tag{2.11}$$

演習 3

実信号 $x(t)$（$x(t)$ が常に実数値を与える信号のこと）のフーリエスペクトルを $X(\omega)$ とするとき，$|X(\omega)|$ が $\omega = 0$ に対して，対称であることを証明しなさい.

演習 4　　フーリエ変換の例　−方形波のフーリエ変換−

右の図の高さが 1 で幅が d の方形波

$$x(t) = \begin{cases} 1 & (|t| \leq \frac{d}{2}) \\ 0 & (|t| > \frac{d}{2}) \end{cases}$$

のフーリエ変換 $X(\omega)$ を求めなさい.

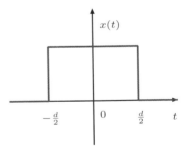

演習 5　　フーリエ変換の例　−インパルスのフーリエ変換−

インパルス信号 $\delta(t)$ のフーリエ変換を求めなさい. ただし，インパルス信号 $\delta(t)$ は以下の性質を持つ.

(1) $\displaystyle\int_{-\infty}^{\infty} x(t)\delta(t)dt = x(0)$

(2) $\displaystyle\int_{-\infty}^{\infty} x(t)\delta(t-t_0)dt = x(t_0)$　　（ただし，$x(t)$ が t_0 で連続のとき）

2.2　フーリエ変換の性質

　フーリエ変換の定義から，表 2.1 に示される性質が導出される．各性質について，以下に述べる．

表 2.1　フーリエ変換の性質

1. 線形性	$\mathcal{F}\{ax_1(t) + bx_2(t)\} = aX_1(\omega) + bX_2(\omega)$
2. 相似性	$\mathcal{F}\{x(at)\} = \frac{1}{|a|}X(\frac{\omega}{a})$ （ただし $a \neq 0$）
3. 双対性	$\mathcal{F}\{x(t)\} = X(\omega) \rightarrow \mathcal{F}\{X(t)\} = 2\pi x(-\omega)$
4. 推移特性	$\mathcal{F}\{x(t - t_0)\} = X(\omega)e^{-j\omega t_0}$
5. パーセバルの定理	$\int_{-\infty}^{\infty} x(t)x^*(t)dt = \frac{1}{2\pi}\int_{-\infty}^{\infty} X(\omega)X^*(\omega)d\omega$ （∗：複素共役）
6. たたみ込み定理	$x(t) = x_1(t) \otimes x_2(t)$ $X(\omega) = X_1(\omega)X_2(\omega)$

2.2.1　線形性

　フーリエ変換が，式 (2.1) に示すように積分によって定義されているため，表 2.1 に示される線形性 (linearity) が成り立つことは容易に理解できる．例えば，次のような式変形を行えば証明される．

$$\begin{aligned}
\mathcal{F}\{ax_1(t) + bx_2(t)\} &= \int_{-\infty}^{\infty} \{ax_1(t) + bx_2(t)\} e^{-j\omega t}dt \\
&= \int_{-\infty}^{\infty} ax_1(t)e^{-j\omega t}dt + \int_{-\infty}^{\infty} bx_2(t)e^{-j\omega t}dt \\
&= a\int_{-\infty}^{\infty} x_1(t)e^{-j\omega t}dt + b\int_{-\infty}^{\infty} x_2(t)e^{-j\omega t}dt \\
&= aX_1(\omega) + bX_2(\omega)
\end{aligned} \tag{2.12}$$

以上により，線形性が証明された．

2.2.2 相似性

信号 $x(t)$ に対して，$x(at)$ のフーリエ変換は，

$$\mathcal{F}\{x(at)\} = \frac{1}{|a|} X\left(\frac{\omega}{a}\right) \tag{2.13}$$

となり，相似性 (similarity) として知られている．この性質は，以下に示す式変形により証明される．

$$\mathcal{F}\{x(at)\} = \int_{-\infty}^{\infty} x(at)e^{-j\omega t}dt \tag{2.14}$$

$t' = at$ とおくと，正の定数 a について，

$$\mathcal{F}\{x(at)\} = \int_{-\infty}^{\infty} x(t')e^{-j\omega \frac{1}{a}t'}\frac{1}{a}dt'$$
$$= \frac{1}{a}\int_{-\infty}^{\infty} x(t')e^{-j\frac{\omega}{a}t'}dt' \tag{2.15}$$

同様に，$a < 0$ ならば，

$$\mathcal{F}\{x(at)\} = \frac{1}{-a}\int_{-\infty}^{\infty} x(t')e^{-j\frac{\omega}{a}t'}dt' \tag{2.16}$$

したがって，

$$\mathcal{F}\{x(at)\} = \frac{1}{|a|} X\left(\frac{\omega}{a}\right) \tag{2.17}$$

以上により，相似性が成り立つことが証明された．

　この相似性が成り立つとき，実際にはどのような現象が生じているのか，方形波を例に調べてみる．いま，高さが 1 で，幅が $L, L/2, L/4$ の 3 種類の方形波に各々フーリエ変換を施し，フーリエスペクトルを得る．各方形波と得られたフーリエスペクトルからフーリエ振幅を算出し，図 2.2 に示す．方形波の幅が広くなると，フーリエ振幅が $\omega = 0$ 付近で，その幅が狭く，かつ急峻に立ちあがっていくのがわかる．この図より，信号が時間軸上で占める領域の広がりと，そのフーリエ変換が周波数軸上で占める領域の広がりは，互いに反比例的な関係にあることがわかる．この性質を，**信号とフーリエ変換の不確定性**という．

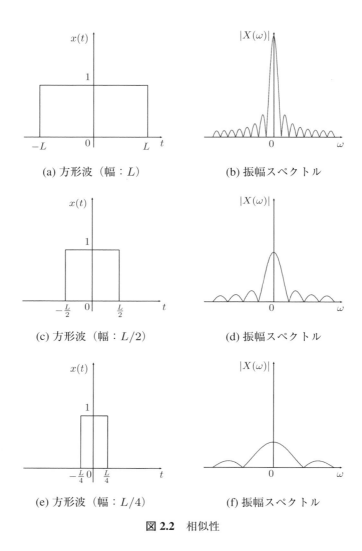

(a) 方形波（幅：L）

(b) 振幅スペクトル

(c) 方形波（幅：$L/2$）

(d) 振幅スペクトル

(e) 方形波（幅：$L/4$）

(f) 振幅スペクトル

図 **2.2** 相似性

2.2.3 双対性

双対性 (duality) は，信号 $x(t)$ のフーリエスペクトル $X(\omega)$ について，その変数 ω を t に置き換えてフーリエ変換を施すと，次式が得られる性質である．

$$\mathcal{F}\{X(t)\} = 2\pi x(-\omega) \tag{2.18}$$

双対性が成り立つことから，信号 $x(t)$ が左右対称である場合，その信号に 2 回フーリエ変換を施すと，信号の 2π 倍の信号が得られることがわかる．その関係を図 2.3 に示す．

双対性は，以下のように証明される．

$$\int_{-\infty}^{\infty} X(t)e^{-j\omega t}dt = \int_{-\infty}^{\infty} X(t)e^{j(-\omega)t}dt \tag{2.19}$$

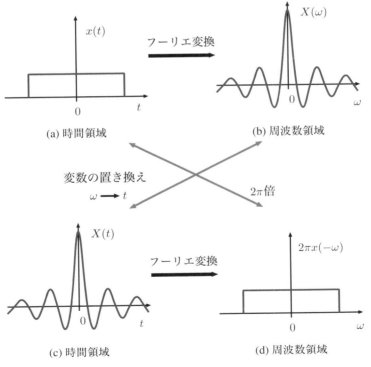

図 **2.3** 双対性

ここで，逆フーリエ変換の定義より，$x(t) = \dfrac{1}{2\pi} \displaystyle\int_{-\infty}^{\infty} X(\omega)e^{j\omega t}d\omega$ が成り立ち，$\omega \to t$，$t \to \omega$ の置き換えにより $x(\omega) = \dfrac{1}{2\pi} \displaystyle\int_{-\infty}^{\infty} X(t)e^{j\omega t}dt$ が得られる．さらに，$\omega \to -\omega$ に置き換えると $x(-\omega) = \dfrac{1}{2\pi} \displaystyle\int_{-\infty}^{\infty} X(t)e^{j(-\omega)t}dt$ が得られる．これを上式に代入すると，

$$\int_{-\infty}^{\infty} X(t)e^{-j\omega t}dt = 2\pi x(-\omega) \tag{2.20}$$

以上により，双対性が成り立つことが証明された．

2.2.4　推移特性

推移特性 (time shifting) は，信号の発生する時刻が異なっていても，その振幅スペクトルが変化しないことを示している．その性質が成り立つことは，$t - t_0 = t'$ の変数変換を行うことで，以下のように証明される．

$$\begin{aligned}
\int_{-\infty}^{\infty} x(t - t_0)e^{-j\omega t}dt &= \int_{-\infty}^{\infty} x(t')e^{-j\omega(t'+t_0)}dt' \\
&= e^{-j\omega t_0}\int_{-\infty}^{\infty} x(t')e^{-j\omega t'}dt' \\
&= X(\omega)e^{-j\omega t_0}
\end{aligned} \tag{2.21}$$

以上により，推移特性が証明された．

演習 6

演習 4 に示した方形波 $x(t)$ のフーリエ変換を用いて，$x(t-\tau)$ のフーリエ変換 $X_\tau(\omega)$ を求めなさい．また，その振幅スペクトルも求めなさい．

2.2.5　パーセバルの定理

パーセバルの定理 (Parseval's theorem) は，時間領域でのエネルギーと周波数領域でのエネルギーは等しくなることを示す定理である．つまり，エネルギーが保存されることを示している．その性質が成り立つことは，以下のように証明される．

$$\frac{1}{2\pi}\int_{-\infty}^{\infty}X(\omega)X^*(\omega)d\omega = \frac{1}{2\pi}\int_{-\infty}^{\infty}\left\{\int_{-\infty}^{\infty}x(t)e^{-j\omega t}dt\right\}X^*(\omega)d\omega$$

$$= \frac{1}{2\pi}\int_{-\infty}^{\infty}x(t)\left\{\int_{-\infty}^{\infty}X^*(\omega)e^{-j\omega t}d\omega\right\}dt$$

$$(2.22)$$

ここで，逆フーリエ変換の定義式 $x(t) = \dfrac{1}{2\pi}\displaystyle\int_{-\infty}^{\infty}X(\omega)e^{j\omega t}d\omega$ の両辺の複素共役を求めると，$x^*(t) = \dfrac{1}{2\pi}\displaystyle\int_{-\infty}^{\infty}X^*(\omega)e^{-j\omega t}d\omega$ であるから，これを上式に代入し，

$$\frac{1}{2\pi}\int_{-\infty}^{\infty}X(\omega)X^*(\omega)d\omega = \frac{1}{2\pi}\int_{-\infty}^{\infty}x(t)\left\{2\pi x^*(t)\right\}dt$$

$$= \int_{-\infty}^{\infty}x(t)x^*(t)dt$$

$$(2.23)$$

以上により，パーセバルの定理が証明された．

2.2.6 たたみ込み定理

たたみ込み定理 (convolution theorem) について説明する前に，たたみ込み積分 (convolution integral) について説明する．いま，信号 $x_1(t)$ と信号 $x_2(t)$ が与えられているとき，これら 2 つの信号によって信号 $x(t)$ が次式で表されるとする．

$$x(t) = \int_{-\infty}^{\infty}x_1(\tau)x_2(t-\tau)d\tau \tag{2.24}$$

上式の関係を，信号 x_1 と信号 x_2 のたたみ込み積分と呼び，しばしば，記号 $\otimes$ を用いて次のように表記する．

$$x(t) = x_1(t) \otimes x_2(t) \tag{2.25}$$

たたみ込み定理は，信号 $x_1(t)$ と信号 $x_2(t)$ のたたみ込み積分によって得られた信号 $x(t)$ のフーリエスペクトルが，$x_1(t)$ のフーリエスペクトル $X_1(\omega)$ と $x_2(t)$ のフーリエスペクトル $X_2(\omega)$ の積に等しいことを示すものである．

以下に示す式変形により，たたみ込み定理が成立することが証明される．

$$\mathcal{F}\{x_1(t) \otimes x_2(t)\} = \int_{-\infty}^{\infty} x_1(t) \otimes x_2(t) e^{-j\omega t} dt$$

$$= \int_{-\infty}^{\infty} \left\{ \int_{-\infty}^{\infty} x_1(\tau) x_2(t-\tau) d\tau \right\} e^{-j\omega t} dt$$

$$= \int_{-\infty}^{\infty} x_1(\tau) \left\{ \int_{-\infty}^{\infty} x_2(t-\tau) e^{-j\omega t} dt \right\} d\tau$$

$$= \int_{-\infty}^{\infty} x_1(\tau) e^{-j\omega\tau} \left\{ \int_{-\infty}^{\infty} x_2(t-\tau) e^{-j\omega t} e^{j\omega\tau} dt \right\} d\tau$$

$$= \int_{-\infty}^{\infty} x_1(\tau) e^{-j\omega\tau} \left\{ \int_{-\infty}^{\infty} x_2(t-\tau) e^{-j\omega(t-\tau)} dt \right\} d\tau \tag{2.26}$$

$t - \tau = t'$ の積分変数の変換より，

$$\mathcal{F}\{x_1(t) \otimes x_2(t)\} = \int_{-\infty}^{\infty} x_1(\tau) e^{-j\omega\tau} \left\{ \int_{-\infty}^{\infty} x_2(t') e^{-j\omega t'} dt' \right\} d\tau$$

$$= \int_{-\infty}^{\infty} x_1(\tau) e^{-j\omega\tau} d\tau \int_{-\infty}^{\infty} x_2(t') e^{-j\omega t'} dt'$$

$$= X_1(\omega) X_2(\omega) \tag{2.27}$$

　上とは逆に，2 つの信号 $x_1(t)$ と $x_2(t)$ の積により生成された信号 $x(t)$ が与えられたとして，そのフーリエスペクトル $X(\omega)$ と $X_1(\omega)$ および $X_2(\omega)$ との関係は，次式で表される．

$$\mathcal{F}\{x_1(t)x_2(t)\} = \frac{1}{2\pi} \int_{-\infty}^{\infty} X_1(v) X_2(\omega - v) dv \tag{2.28}$$

つまり，$X(\omega)$ は，$X_1(\omega)$ と $X_2(\omega)$ のたたみ込み積分により与えられる．

　式 (2.28) 右辺の積分は，先に示した時間領域のたたみ込み積分と区別して，周波数領域でのたたみ込み積分と呼ばれる．式 (2.28) が成立することは，次に示される式変形により証明される．

$$\mathcal{F}^{-1}\left\{ \frac{1}{2\pi} \int_{-\infty}^{\infty} X_1(v) X_2(\omega - v) dv \right\}$$

$$= \frac{1}{2\pi} \int_{-\infty}^{\infty} \left\{ \frac{1}{2\pi} \int_{-\infty}^{\infty} X_1(v) X_2(\omega - v) dv \right\} e^{j\omega t} d\omega \tag{2.29}$$

$\omega - v = \lambda$ の積分変数変換より,

$$
\begin{aligned}
&\mathcal{F}^{-1}\left\{\frac{1}{2\pi}\int_{-\infty}^{\infty}X_1(v)X_2(\omega-v)dv\right\} \\
&=\frac{1}{(2\pi)^2}\int_{-\infty}^{\infty}\left\{\int_{-\infty}^{\infty}X_1(v)X_2(\lambda)e^{j(\lambda+v)t}dv\right\}d\lambda \\
&=\frac{1}{(2\pi)^2}\int_{-\infty}^{\infty}\left\{\int_{-\infty}^{\infty}X_1(v)e^{jvt}dv\right\}X_2(\lambda)e^{j\lambda t}d\lambda \\
&=\frac{1}{(2\pi)^2}\left\{2\pi x_1(t)\right\}\left\{2\pi x_2(t)\right\} \\
&=x_1(t)x_2(t)
\end{aligned}
\tag{2.30}
$$

以上により，式 (2.28) の成立が証明された.

$\boxed{\text{演習 7}}$

信号 $x(t)$ の自己相関関数 (auto-correlation function) は次式で定義される.

$$
R(\tau)=\int_{-\infty}^{\infty}x(t)x(t+\tau)dt
$$

ただし，$R(\tau)$ は，信号 $x(t)$ とそれを時間 τ だけずらした信号 $x(t+\tau)$ との間にどれだけの相関があるかを示す．このとき，自己相関関数 $R(\tau)$ とエネルギースペクトル $P(\omega)$ は，以下に示すように互いにフーリエ変換，逆フーリエ変換の関係にあることを示しなさい.

$$
P(\omega)=\int_{-\infty}^{\infty}R(\tau)e^{-j\omega\tau}d\tau
$$
$$
R(\tau)=\frac{1}{2\pi}\int_{-\infty}^{\infty}P(\omega)e^{j\omega\tau}d\omega
$$

2.3 代表的なフーリエ変換対

代表的な信号に対するフーリエ変換対を表 2.2 に示す.

表 2.2 代表的なフーリエ変換対

信号 $x(t)$	フーリエ変換 $X(\omega)$
$\delta(t)$	1
$\delta(t - t_0)$	$e^{-j\omega t_0}$
1	$2\pi\delta(\omega)$
A	$2\pi A\delta(\omega)$
$u(t)^*$	$\pi\delta(\omega) + \dfrac{1}{j\omega}$
$e^{j\omega_0 t}$	$2\pi\delta(\omega - \omega_0)$
$\cos\omega_0 t$	$\pi\left[\delta(\omega + \omega_0) + \delta(\omega - \omega_0)\right]$
$\sin\omega_0 t$	$j\pi\left[\delta(\omega + \omega_0) - \delta(\omega - \omega_0)\right]$
$e^{-at}u(t) \quad (a > 0)$	$\dfrac{1}{a + j\omega}$
$e^{-a|t|} \quad (a > 0)$	$\dfrac{2a}{\omega^2 + a^2}$
$\mathrm{sgn}(t) = \begin{cases} 1 & (t \geq 0) \\ -1 & (t < 0) \end{cases}$	$\dfrac{2}{j\omega}$
$p_a(t) = \begin{cases} 1 & (|t| < a) \\ 0 & (|t| > a) \end{cases}$	$2a\dfrac{\sin\omega a}{\omega a}$
$\dfrac{\sin at}{\pi t}$	$p_a(\omega) = \begin{cases} 1 & (|\omega| < a) \\ 0 & (|\omega| > a) \end{cases}$

* $u(t)$ は単位ステップ関数を表す.

章末問題

問 2.1 図の信号 $x(t)$ のフーリエスペクトル $X(\omega)$ を求めなさい.

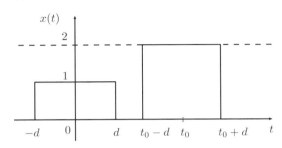

（平成 20 年度 北海道大学大学院 入学試験問題）

問 2.2 信号 $x(t)$ が以下で与えられる.

$$x(t) = \begin{cases} e^{-at} & (t \geq 0) \\ -e^{at} & (t < 0) \end{cases} \quad （\text{ただし，}a\text{ は正の実定数}）$$

このとき，以下の問題に答えなさい.

(1) 信号 $x(t)$ のフーリエスペクトル $X(\omega)$ を求めなさい.

(2) 信号 $sgn(t)$ が次のように与えられるとき，そのフーリエスペクトルを求めなさい.

$$sgn(t) = \begin{cases} 1 & (t \geq 0) \\ -1 & (t < 0) \end{cases}$$

ただし，$sgn(t) = \lim_{a \to 0} x(t)$ であることを用いる.

（平成 23 年度 北海道大学大学院 入学試験問題）

3

離散時間信号のフーリエ変換

　離散時間信号を得るためには，アナログ信号をサンプリングしなければならないことは既に述べた．アナログ信号 $x_A(t)$ をサンプリング周期 T でサンプリングして得られた離散時間信号を $x(nT)$（n は整数）で表すと，両者の関係は，インパルス $\delta(t)$ が連なって生成されるインパルス列 $\delta_s(t)$ を用いて表すことができる．インパルス列 $\delta_s(t)$ は次式で定義される．

$$\delta_s(t) = \sum_{n=-\infty}^{\infty} \delta(t - nT) \tag{3.1}$$

ただし，$\delta(t)$ は

$$\delta(t) = \begin{cases} 0 & (t \neq 0) \\ \infty & (t = 0) \end{cases} \tag{3.2}$$

である．このインパルス列 $\delta_s(t)$ を用いて $x_A(t)$ と $x(nT)$ の関係を表すと次式となる．

$$\begin{aligned} \sum_{n=-\infty}^{\infty} x(nT)\delta(t - nT) &= \sum_{n=-\infty}^{\infty} x_A(t)\delta(t - nT) \\ &= x_A(t) \sum_{n=-\infty}^{\infty} \delta(t - nT) \\ &= x_A(t)\delta_s(t) \end{aligned} \tag{3.3}$$

上式左辺は，離散時間信号を示し，右辺でアナログ信号 $x_A(t)$ にインパルス列 $\delta_s(t)$ を乗ずることで，離散時間信号 $x(nT)$ が得られることが示されている（図 3.1）．

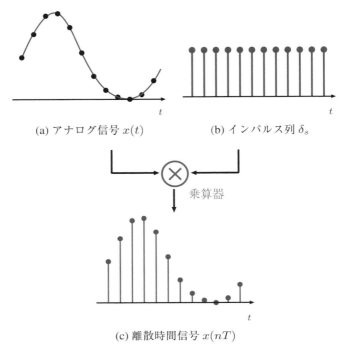

(a) アナログ信号 $x(t)$　　　　(b) インパルス列 δ_s

(c) 離散時間信号 $x(nT)$

図 3.1　離散時間信号の生成

3.1　離散時間フーリエ変換の定義

　第 2 章では，アナログ信号を対象としてフーリエ変換の説明を行ってきた．本節では，離散時間信号のフーリエ変換について学ぶ．離散時間信号 $x(nT)$ のフーリエスペクトル $X(\omega)$ は次式で与えられる．

$$X(\omega) = \sum_{n=-\infty}^{\infty} x(nT)e^{-j\omega nT} \tag{3.4}$$

なぜ離散時間信号 $x(nT)$ のフーリエスペクトル $X(\omega)$ が上式で与えられるかについて，以下に説明する．

　第 2 章で説明したように，アナログ信号 $x_A(t)$ のフーリエ変換は次式で与えられる．

$$X_A(\omega) = \int_{-\infty}^{\infty} x_A(t) e^{-j\omega t} dt \tag{3.5}$$

なお，離散時間信号 $x(nT)$ のフーリエスペクトル $X(\omega)$ と区別するため，アナログ信号 $x_A(t)$ のフーリエスペクトルを $X_A(\omega)$ と記している．このフーリエ変換の定義から，離散時間信号 $x(nT)$ のフーリエ変換の定義式（式 (3.4)）を導出してみる．いま，アナログ信号 $x_A(t)$ をサンプリング周期 T でサンプリングし，得られるアナログ信号

$$x(t) = \sum_{n=-\infty}^{\infty} x(nT)\delta(t - nT) \tag{3.6}$$

を，式 (3.5) における $x_A(t)$ の代わりにフーリエ変換の対象とすると，

$$X(\omega) = \int_{-\infty}^{\infty} x(t) e^{-j\omega t} dt \tag{3.7}$$

$$= \int_{-\infty}^{\infty} \left\{ \sum_{n=-\infty}^{\infty} x(nT)\delta(t - nT) \right\} e^{-j\omega t} dt \tag{3.8}$$

さらに，上式右辺の積分と和の順序を入れ換えると，次式が得られる．

$$X(\omega) = \sum_{n=-\infty}^{\infty} \int_{-\infty}^{\infty} x(nT)\delta(t - nT) e^{-j\omega t} dt$$

$$= \sum_{n=-\infty}^{\infty} x(nT) \int_{-\infty}^{\infty} \delta(t - nT) e^{-j\omega t} dt \tag{3.9}$$

ところで，インパルス信号の性質 (p.17 演習 5 の式 (2)) より，次式が得られる．

$$\int_{-\infty}^{\infty} \delta(t - nT) e^{-j\omega t} dt = e^{-j\omega nT} \tag{3.10}$$

上式を式 (3.9) 右辺に代入すると，次式が得られる．

$$X(\omega) = \sum_{n=-\infty}^{\infty} x(nT) e^{-j\omega nT} \tag{3.11}$$

以上により，フーリエ変換の定義式から，離散時間信号のフーリエ変換が導出された．

この式は先に述べたように，離散時間信号 $x(nT)$ のフーリエ変換である．以降，これを**離散時間フーリエ変換** (discrete-time Fourier transform) と呼び，得

られたフーリエスペクトル $X(\omega)$ を**離散時間フーリエスペクトル** (discrete-time Fourier spectrum) と呼ぶ.

　以上の算出により,離散時間信号のフーリエ変換が式 (3.4) で与えられることがわかった.しかしながら,実際には,離散時間信号 $x(nT)$ のフーリエスペクトル $X(\omega)$ は,元のアナログ信号 $x_A(t)$ のフーリエスペクトル $X_A(\omega)$ と,どのような関係にあるだろうか?

　以下では,これについて具体的に考えていく.離散時間信号 $x(nT)$ のフーリエスペクトル $X(\omega)$ とアナログ信号 $x_A(t)$ のフーリエスペクトル $X_A(\omega)$ には,以下の関係がある.

$$X(\omega) = \frac{1}{T} \sum_{k=-\infty}^{\infty} X_A(\omega - k\omega_s) \tag{3.12}$$

ただし,ω_s は**サンプリング角周波数** (sampling angular frequency) と呼ばれ,サンプリング周期 T を用いて $\omega_s = 2\pi/T$ で表される.

　式 (3.12) が成り立つことを証明する.いま,先に行った離散時間信号のフーリエ変換の導出において用いた次式に注目する.

$$X(\omega) = \int_{-\infty}^{\infty} \left\{ \sum_{n=-\infty}^{\infty} x(nT)\delta(t - nT) \right\} e^{-j\omega t} dt \tag{3.13}$$

ここで,式 (3.3) より,上式は次式に変形される.

$$X(\omega) = \int_{-\infty}^{\infty} \left\{ \sum_{n=-\infty}^{\infty} x_A(t)\delta(t - nT) \right\} e^{-j\omega t} dt \tag{3.14}$$

さらに,上式右辺の $\left\{ \sum_{n=-\infty}^{\infty} x_A(t)\delta(t - nT) \right\}$ を,$x_A(t)$ と $\sum_{n=-\infty}^{\infty} \delta(t-nT)$ の積と考えると,上式は次式に変形される.

$$X(\omega) = \int_{-\infty}^{\infty} x_A(t) \left\{ \sum_{n=-\infty}^{\infty} \delta(t - nT) \right\} e^{-j\omega t} dt \tag{3.15}$$

上式右辺は,2.2.6 項で説明した周波数領域のたたみ込みとみなすことができる.つまり,上式右辺は 2 つの信号 $x_A(t)$ と $\sum_{n=-\infty}^{\infty} \delta(t - nT)$ の積のフーリエ変換であり,$x_A(t)$ のフーリエスペクトル $X_A(\omega)$ と $\sum_{n=-\infty}^{\infty} \delta(t - nT)$ の

フーリエスペクトルのたたみ込み積で与えられることから，上式は，次式に変形される．

$$X(\omega) = \frac{1}{2\pi} \int_{-\infty}^{\infty} X_A(v) \frac{2\pi}{T} \sum_{n=-\infty}^{\infty} \delta(\omega - v - n\omega_s) dv \tag{3.16}$$

ただし，上式を得る際，

$$\mathcal{F}\left\{ \sum_{n=-\infty}^{\infty} \delta(t - nT) \right\} = \frac{2\pi}{T} \sum_{n=-\infty}^{\infty} \delta(\omega - n\omega_s) \tag{3.17}$$

を用いた．

式 (3.16) 右辺を整理すると，次式が得られる．

$$\begin{aligned}
X(\omega) &= \frac{1}{T} \sum_{n=-\infty}^{\infty} \int_{-\infty}^{\infty} X_A(v) \delta(\omega - v - n\omega_s) dv \\
&= \frac{1}{T} \sum_{n=-\infty}^{\infty} X_A(\omega - n\omega_s)
\end{aligned} \tag{3.18}$$

以上により，離散時間信号 $x(nT)$ のフーリエスペクトル $X(\omega)$ とアナログ信号 $x_A(t)$ のフーリエスペクトル $X_A(\omega)$ の関係が得られた．さらに，得られた式 (3.18) より $\boldsymbol{X(\omega)}$ が周期 $\boldsymbol{\omega_s}$ の周期関数であることが理解できる．それを確認するためには，$X(\omega + \omega_s) = X(\omega)$ を証明すればよい．以下にそれを示す．

式 (3.4) の離散時間フーリエ変換の定義式において，$\omega \to \omega + \omega_s$ の変換を行い，次式を得る．

$$\begin{aligned}
X(\omega + \omega_s) &= \sum_{n=-\infty}^{\infty} x(nT) e^{-j\left(\omega + \frac{2\pi}{T}\right)nT} \\
&= \sum_{n=-\infty}^{\infty} x(nT) e^{-j\omega nT} e^{-j2\pi n}
\end{aligned} \tag{3.19}$$

上式右辺において，$e^{-j2\pi n} = 1$ であるから，次式が得られる．

$$X(\omega + \omega_s) = \sum_{n=-\infty}^{\infty} x(nT) e^{-j\omega nT} \tag{3.20}$$

上式右辺は $X(\omega)$ であり，$X(\omega + \omega_s) = X(\omega)$ が得られ，$X(\omega)$ が周期 ω_s の周期関数であることが証明された.

　以上により得られた式 (3.18) により，離散時間信号 $x(nT)$ のフーリエスペクトル $X(\omega)$ は，アナログ信号 $x(t)$ のフーリエスペクトル $X_A(\omega)$ を ω_s $(= 2\pi/T)$ の間隔で ω 軸上に連続して配置した形状となる. なお，$X(\omega)$ のうち，$n\omega_s$ $(n \neq 0)$ を中心とするフーリエスペクトルは，折り返しスペクトル (replicate spectrum) と呼ばれる. その様子を図 3.2 に示す.

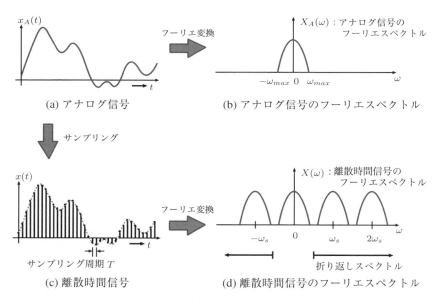

図 **3.2**　アナログ信号と離散時間信号のフーリエ変換

Column 3 インパルス列のフーリエ変換

インパルス列 $\delta_s(t) = \sum_{n=-\infty}^{\infty} \delta(t - nT)$ のフーリエ変換は

$$\Delta_s(\omega) = \omega_s \sum_{n=-\infty}^{\infty} \delta(\omega - n\omega_s)$$

である．ただし，$\omega_s = 2\pi/T$ である．フーリエ級数展開を用いた証明は以下の通り．

まず，周期 T の任意の信号 $f(t)$ に対するフーリエ級数展開は，次のように行われる．

$$f(t) = \sum_{n=-\infty}^{\infty} C_n e^{jn\omega_s t}$$

$$C_n = \frac{1}{T} \int_{-T/2}^{T/2} f(t) e^{-jn\omega_s t} dt$$

$f(t)$ をフーリエ変換すると，

$$\int_{-\infty}^{\infty} f(t) e^{-j\omega t} dt = \int_{-\infty}^{\infty} \left(\sum_{n=-\infty}^{\infty} C_n e^{jn\omega_s t} \right) e^{-j\omega t} dt$$

$$= \sum_{n=-\infty}^{\infty} C_n \left(\int_{-\infty}^{\infty} e^{-j(\omega - n\omega_s)t} dt \right)$$

ここで，1（定数）のフーリエ変換は，

$$\int_{-\infty}^{\infty} e^{-j\omega t} dt = 2\pi\delta(\omega)$$

であり，上式中の ω を $\omega - n\omega_s$ に換えると，

$$\int_{-\infty}^{\infty} e^{-j(\omega - n\omega_s)t} dt = 2\pi\delta(\omega - n\omega_s)$$

となる．よって，

$$\int_{-\infty}^{\infty} f(t) e^{-j\omega t} dt = \sum_{n=-\infty}^{\infty} 2\pi C_n \delta(\omega - n\omega_s)$$

となり，任意の周期関数のフーリエ変換はインパルス列で表される．また，$f(t)$ を $\sum_{n=-\infty}^{\infty} \delta(t-nT)$ とすると，C_n は次式のようにして算出される．

$$
\begin{aligned}
C_n &= \frac{1}{T}\int_{-T/2}^{T/2}\left(\sum_{k=-\infty}^{\infty}\delta(t-kT)\right)e^{-jn\omega_s t}dt \\
&= \frac{1}{T}\int_{-T/2}^{T/2}\delta(t)e^{-jn\omega_s t}dt \qquad (k=0 \text{ のみ積分の範囲に入る}) \\
&= \frac{1}{T}
\end{aligned}
$$

よって，周期インパルス列 $\delta_s(t)$ のフーリエ変換は

$$
\Delta_s(\omega) = \omega_s \sum_{n=-\infty}^{\infty}\delta(\omega-n\omega_s)
$$

以上より，インパルス列 $\delta_s(t)$ のフーリエ変換が証明された．

フーリエ変換
$\Longleftrightarrow$

$\delta_s(t)$
$\sum_{n=-\infty}^{\infty}\delta(t-nT)$

$\Delta_s(\omega)$
$\omega_s\sum_{n=-\infty}^{\infty}\delta(\omega-n\omega_s)$

■ 例題 2 　離散時間信号のフーリエ変換 −三角波の例−

図 3.3 に示す，サンプリング周期
$T = 1\,[\text{sec}]$ で，継続時間が 8 sec
の 離散三角波信号 $r(n)$ のフーリ
エ変換を求めなさい．

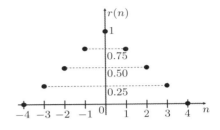

図 3.3 サンプリング周期 $T =$
$1\,[\text{sec}]$ で，継続時間が 8 sec
の離散三角波信号

□ 例題解答 2

離散時間信号のフーリエ変換の式 (3.11) により，以下のように解くことが
できる．

$$
\begin{aligned}
R(\omega) &= \sum_{n=-\infty}^{\infty} r(nT)e^{-j\omega nT}\big|_{T=1} = \sum_{n=-3}^{3} r(n)e^{-j\omega n} \\
&= \frac{1}{4}e^{-j3\omega} + \frac{1}{2}e^{-j2\omega} + \frac{3}{4}e^{-j\omega} + 1 + \frac{3}{4}e^{j\omega} + \frac{1}{2}e^{j2\omega} + \frac{1}{4}e^{j3\omega} \\
&= \frac{1}{4}\left(e^{-j3\omega} + e^{j3\omega}\right) + \frac{1}{2}\left(e^{-j2\omega} + e^{j2\omega}\right) + \frac{3}{4}\left(e^{-j\omega} + e^{j\omega}\right) + 1 \\
&= \frac{1}{2}\cos 3\omega + \cos 2\omega + \frac{3}{2}\cos\omega + 1 \\
&= \frac{1}{2}\left(\cos 3\omega + \cos\omega\right) + \cos\omega + \cos 2\omega + 1 \\
&= \frac{1}{2}\Big\{\cos(2+1)\omega + \cos(2-1)\omega\Big\} + \cos\omega + \cos 2\omega + 1 \\
&= \cos 2\omega\cos\omega + \cos\omega + \cos 2\omega + 1 \\
&= (\cos\omega + 1)(\cos 2\omega + 1) \\
&= 2\cos^2\frac{\omega}{2}\cdot 2\cos^2\omega = 4\left(\cos\omega\cos\frac{\omega}{2}\right)^2 \tag{3.21}
\end{aligned}
$$

| 演習 8 | 離散時間信号のフーリエ変換 |

図に示すサンプリング周期 $T = 1\,[\mathrm{sec}]$ で，
継続時間が $4\,\mathrm{sec}$ の離散方形波信号 $r(n)$ の
フーリエ変換を求めなさい．

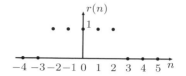

3.2　エイリアシング

1.2 節で我々は，アナログ信号の特徴を保持したままでサンプリングするためには，サンプリング周波数 f_s を，信号の最高周波数 f_{max} の 2 倍以上に設定しなければならないとの予想をたてた．また，その予想は理論的にも正しく，サンプリング定理 (sampling theorem) として知られていることも説明した．しかしながら，その証明は行わずに，ここまで説明を進めてきた．ここで，改めて，なぜ $f_s > 2f_{max}$ の周波数でサンプリングする必要があるのかについて考えてみよう．

理解を助けるために，図 3.4 にサンプリング周波数 f_s を様々な値に設定した場合の離散時間信号 $x(nT)$ のフーリエスペクトル $X(f)$ を図示する．いま，図 3.4 (a) に示されるフーリエスペクトル $X(\omega)$ が得られたとしよう．図 3.4 (a) には，折り返しスペクトルの存在が確認できる．このとき，サンプリング周波数 f_s を高くする，つまりサンプリング周期 T を短くすると，図 3.4 (b) に示すように，折り返しスペクトルを構成する $X_A(f - f_s)$ の各々の間隔 f_s の値が大きくなり，お互いが離れていく．逆に，サンプリング周波数 f_s を低くする，つまりサンプリング周期 T を大きくすると，図 3.4 (c) に示すように，折り返しスペクトルを構成する $X_A(f - f_s)$ の各々が近づくことがわかる．

また，サンプリング周波数 f_s を低く設定し，$f_s = 2f_{max}$ としたとき，折り返しスペクトルを構成する $X_A(f - f_s)$ の各々が接触する（図 3.4 (d))．さらにサンプリング周波数 f_s を低くすると，隣接していた折り返しスペクトルが重なる（図 3.4 (e))．このとき得られるフーリエスペクトルは，互いに重なり合う折り返しスペクトルが加算され，元のフーリエスペクトルの形状とは異なる形状となる．このひずみがエイリアシング（折り返しひずみ，aliasing）である．

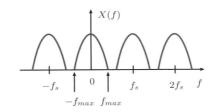

(a) フーリエスペクトル

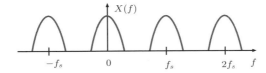

(b) フーリエスペクトル ($f_s \gg 2f_{max}$)

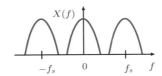

(c) フーリエスペクトル ($f_s > 2f_{max}$)

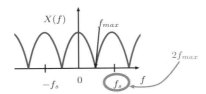

(d) フーリエスペクトル ($f_s = 2f_{max}$)

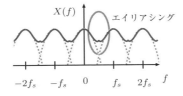

(e) フーリエスペクトル ($f_s < 2f_{max}$)

図 **3.4** サンプリング周波数とエイリアシング

　エイリアシングが発生した状態，すなわちゆがんでいるフーリエスペクトル
に対してフーリエ逆変換を施しても，本来の信号が得られない．したがって，
この問題を解決するために，$f_s > 2f_{max}$ を満足する周波数でサンプリングを
行う必要がある．これがサンプリング定理である．

■ 例題 3　エイリアシング

　アナログ信号の周波数が 120 Hz のとき，サンプリング周波数を 180 Hz
としてサンプリングした．このとき，何 Hz の信号が観測されるか答えな
さい．

□ 例題解答 3

　整数 k を用いて，観測される信号は以下の数式を満たす．

$$0 \leq k \times 180 \pm 120 \leq \frac{180}{2}$$

$$\mp 120 \leq k \times 180 \leq \frac{180}{2} \mp 120$$

$$\mp \frac{2}{3} \leq k \leq \frac{1}{2} \mp \frac{2}{3} \tag{3.22}$$

$\frac{2}{3} \leq k \leq \frac{1}{2} + \frac{2}{3}$ または，$-\frac{2}{3} \leq k \leq \frac{1}{2} - \frac{2}{3}$ を満たす整数 k は $k = 1$ である．
したがって，観測される信号の周波数は $1 \times 180 - 120 = 60$ Hz となる．

演習 9　エイリアシング

図のようにアナログ信号 $x(t)$ のフー
リエスペクトル $X_a(\omega)$ $(\omega = 2\pi f)$ が
$-f_c \sim f_c$ [kHz] に帯域制限されている
とする．このとき，$x(t)$ をサンプリン
グ周期

　　(A)　$T_1 = \dfrac{1}{3f_c}$

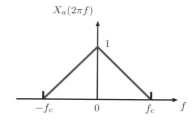

(B) $\quad T_2 = \dfrac{2}{3f_c}$

でサンプリングしたときの離散時間信号 $x(nT)$ について，次の問に答えな
さい．

   (1) (A) と (B) の各々について，フーリエ変換の概形を示しなさい．

   (2) (A) と (B) の各々について，エイリアシングが生じているか否か
      を答えなさい．

演習 10

アナログ信号の周波数が 100 Hz のとき，サンプリング周波数を 150 Hz と
してサンプリングした．このとき，何 Hz の信号が観測されるか答えな
さい．

3.3 離散時間逆フーリエ変換

以上のように得られた離散時間フーリエ変換についても，逆変換が存在する．
離散時間逆フーリエ変換 (discrete-time inverse Fourier transform) は次式で定義
される．

$$x(nT) = \frac{1}{\omega_s} \int_{-\omega_s/2}^{\omega_s/2} X(\omega) e^{j\omega nT} d\omega \tag{3.23}$$

式 (3.23) が離散時間フーリエ変換の逆変換であることは，以下のように証明
される．すなわち，離散時間フーリエ変換の定義式 (3.4) を上式右辺に代入す
ると，

$$\begin{aligned}
\frac{1}{\omega_s} \int_{-\omega_s/2}^{\omega_s/2} X(\omega) e^{j\omega nT} d\omega &= \frac{1}{\omega_s} \int_{-\omega_s/2}^{\omega_s/2} \left\{ \sum_{k=-\infty}^{\infty} x(kT) e^{-j\omega kT} \right\} e^{j\omega nT} d\omega \\
&= \sum_{k=-\infty}^{\infty} x(kT) \left\{ \frac{1}{\omega_s} \int_{-\omega_s/2}^{\omega_s/2} e^{j\omega(n-k)T} d\omega \right\} \\
&= x(nT) \tag{3.24}
\end{aligned}$$

以上により，離散時間逆フーリエ変換が証明された．

3.4　離散時間信号のフーリエ変換の性質

　離散時間信号のフーリエ変換とアナログ信号のフーリエ変換の差異は，その
フーリエスペクトルが次式に示す周期性を保持する（結果として，折り返しス
ペクトルを生成する）か否かに集約される．

$$X(\omega) = X(\omega + n\omega_s) \qquad (n \text{ は任意の整数}) \tag{3.25}$$

その他の性質については，離散時間フーリエ変換がフーリエ変換の定義式にお
いて，変換対象信号を離散時間信号に限定することによって導出されることか
ら，第 2 章で述べたフーリエ変換の性質と同様となる．確認のために，各性質
が成り立つことを証明する．ただし，

$$\mathcal{F}\{x(nT)\} = X(\omega) \tag{3.26}$$

$$\mathcal{F}\{x_1(nT)\} = X_1(\omega) \tag{3.27}$$

$$\mathcal{F}\{x_2(nT)\} = X_2(\omega) \tag{3.28}$$

とする．

3.4.1　線形性

　離散時間フーリエ変換において，線形性 (linearity) が成立することを以下に
証明する．

$$
\begin{aligned}
&\mathcal{F}\{ax_1(nT) + bx_2(nT)\} \\
&= \sum_{n=-\infty}^{\infty} \{ax_1(nT) + bx_2(nT)\} e^{-j\omega nT} \\
&= \sum_{n=-\infty}^{\infty} ax_1(nT)e^{-j\omega nT} + \sum_{n=-\infty}^{\infty} bx_2(nT)e^{-j\omega nT} \\
&= a\sum_{n=-\infty}^{\infty} x_1(nT)e^{-j\omega nT} + b\sum_{n=-\infty}^{\infty} x_2(nT)e^{-j\omega nT} \\
&= aX_1(\omega) + bX_2(\omega)
\end{aligned}
\tag{3.29}
$$

以上により，線形性が成立することが証明された．

3.4.2　相似性

いま，離散時間信号 $x(nT)$ のフーリエスペクトル $X(\omega)$ を用いて，$x(anT)$ のフーリエスペクトルは次式で表される．

$$\mathcal{F}\{x(anT)\} = X\left(\frac{\omega}{a}\right) \tag{3.30}$$

以下に，上式の相似性 (similarity) が成立することを証明する．

$$\mathcal{F}\{x(anT)\} = \sum_{n=-\infty}^{\infty} x(anT)e^{-j\omega nT} \tag{3.31}$$

ここで，$T = \dfrac{T^{'}}{a}$ とすると

$$\mathcal{F}\{x(anT)\} = \sum_{n=-\infty}^{\infty} x(nT^{'})e^{-j\omega n\frac{T^{'}}{a}}$$

$$= \sum_{n=-\infty}^{\infty} x(nT^{'})e^{-j\frac{\omega}{a}nT^{'}}$$

$$= X\left(\frac{\omega}{a}\right) \tag{3.32}$$

以上により，相似性が証明された．

3.4.3　推移特性

離散時間フーリエ変換において，推移特性 (time shifting) が成立することを以下に証明する．

$$\mathcal{F}\{x(nT-kT)\} = \sum_{n=-\infty}^{\infty} x(nT-kT)e^{-j\omega nT} \tag{3.33}$$

$n - k = n'$ の変数変換より，

$$\mathcal{F}\{x(nT-kT)\} = \sum_{n'=-\infty}^{\infty} x(n'T)e^{-j\omega(n'+k)T}$$

$$= e^{-j\omega kT} \sum_{n'=-\infty}^{\infty} x(n'T)e^{-j\omega n'T}$$

$$= e^{-j\omega kT} X(\omega) \tag{3.34}$$

以上により，推移特性が成立することが証明された．

3.4.4　パーセバルの定理

離散時間フーリエ変換において，パーセバルの定理 (Parseval's theorem) が成立することを以下に証明する.

$$
\frac{1}{\omega_s} \int_{-\omega_s/2}^{\omega_s/2} X(\omega)X^*(\omega)d\omega = \frac{1}{\omega_s} \int_{-\omega_s/2}^{\omega_s/2} \left\{ \sum_{n=-\infty}^{\infty} x(nT)e^{-j\omega nT} \right\} X^*(\omega)d\omega
$$

$$
= \frac{1}{\omega_s} \sum_{n=-\infty}^{\infty} x(nT) \left\{ \int_{-\omega_s/2}^{\omega_s/2} X^*(\omega)e^{-j\omega nT}d\omega \right\}
$$

$$(3.35)$$

ここで，離散時間逆フーリエ変換より，$\dfrac{1}{\omega_s} \displaystyle\int_{-\omega_s/2}^{\omega_s/2} X^*(\omega)e^{-j\omega nT}d\omega = x^*(nT)$ であるから，

$$
\frac{1}{\omega_s} \int_{-\omega_s/2}^{\omega_s/2} X(\omega)X^*(\omega)d\omega = \sum_{n=-\infty}^{\infty} x(nT)x^*(nT) = \sum_{n=-\infty}^{\infty} x^2(nT) \quad (3.36)
$$

以上により，パーセバルの定理が成立することが証明された.

3.4.5　たたみ込み定理

離散時間フーリエ変換において，時間領域のたたみ込み定理 (convolution theorem) が成立することを以下に証明する.

$$
\mathcal{F}\left\{ \sum_{k=-\infty}^{\infty} x_1(kT)x_2(nT-kT) \right\}
$$

$$
= \sum_{n=-\infty}^{\infty} \left(\sum_{k=-\infty}^{\infty} x_1(kT)x_2(nT-kT) \right) e^{-j\omega nT}
$$

$$
= \sum_{k=-\infty}^{\infty} x_1(kT)e^{-j\omega kT} \sum_{n=-\infty}^{\infty} x_2(nT-kT)e^{-j\omega(nT-kT)} \quad (3.37)
$$

$n-k=n'$ の変数変換より，

$$\mathcal{F}\left\{\sum_{k=-\infty}^{\infty} x_1(kT)x_2(nT-kT)\right\}$$

$$= \sum_{k=-\infty}^{\infty} x_1(kT)e^{-j\omega kT} \sum_{n'=-\infty}^{\infty} x_2(n'T)e^{-j\omega n'T}$$

$$= X_1(\omega)X_2(\omega) \tag{3.38}$$

以上により，時間領域のたたみ込み定理が成立することが証明された．

　また，離散時間フーリエ変換において，**周波数領域のたたみ込み定理**が成立することを以下に証明する．

$$\mathcal{F}^{-1}\left\{\frac{1}{\omega_s}\int_{-\omega_s/2}^{\omega_s/2} X_1(\nu)X_2(\omega-\nu)d\nu\right\}$$

$$= \frac{1}{\omega_s}\int_{-\omega_s/2}^{\omega_s/2}\left\{\frac{1}{\omega_s}\int_{-\omega_s/2}^{\omega_s/2} X_1(\nu)X_2(\omega-\nu)d\nu\right\}e^{j\omega nT}d\omega \tag{3.39}$$

$\omega - \nu = \lambda$ の変数変換より，

$$\mathcal{F}^{-1}\left\{\frac{1}{\omega_s}\int_{-\omega_s/2}^{\omega_s/2} X_1(\nu)X_2(\omega-\nu)d\nu\right\}$$

$$= \frac{1}{\omega_s^2}\int_{-\omega_s/2}^{\omega_s/2}\left\{\int_{-\omega_s/2}^{\omega_s/2} X_1(\nu)X_2(\lambda)e^{j(\nu+\lambda)nT}d\nu\right\}d\lambda$$

$$= \frac{1}{\omega_s^2}\int_{-\omega_s/2}^{\omega_s/2}\left\{\omega_s x_1(nT)\right\} X_2(\lambda)e^{j\omega nT}d\lambda$$

$$= \frac{x_1(nT)}{\omega_s}\int_{-\omega_s/2}^{\omega_s/2} X_2(\lambda)e^{j\lambda nT}d\lambda$$

$$= x_1(nT)x_2(nT) \tag{3.40}$$

以上により，周波数領域のたたみ込み定理が成立することが証明された．

章末問題

問 3.1　離散時間フーリエ変換について，次の問題に答えなさい.

 (1)　離散時間信号 $x(nT)$ が次のように与えられるとき，そのフーリエスペクトルを求めなさい.

$$x(nT) = a^n u(nT - 5T) \tag{3.41}$$

 ただし，$|a| < 1$,

$$u(nT) = \begin{cases} 1 & (n \geq 0) \\ 0 & (n < 0) \end{cases}$$

 とする.

 (2)　式 (3.41) において，$a = 0.5$, $T = 1$ のとき，振幅スペクトルを求め，それを図示しなさい.

問 3.2　離散時間信号 $x(nT)$ のフーリエスペクトルが次式で与えられるとき，逆フーリエ変換により $x(nT)$ を求めなさい.

$$X(\omega) = \frac{1}{(1 - ae^{-j\omega T})(1 - be^{-j\omega T})}$$

ヒント：次式が成立することを用いる.

$$\frac{1}{(1 - ae^{-j\omega T})(1 - be^{-j\omega T})} = \frac{a/(a-b)}{1 - ae^{-j\omega T}} - \frac{b/(a-b)}{1 - be^{-j\omega T}}$$

4

z 変 換

　本章で z 変換を学ぶ前に復習を行う．本書では，まず，第 1 章でアナログ信号からディジタル信号を得るための量子化とサンプリングについて学んだ．特に，サンプリング周波数を適切に設定しなければ，サンプリング後に元のアナログ信号の形状を再現することが困難なことから，サンプリング定理の存在を知った．その後，第 2 章でアナログ信号のフーリエ変換を学び，第 3 章でその変換対象信号を離散時間信号に限定することで，離散時間フーリエ変換を導出した．離散時間信号のフーリエ変換を学ぶことにより，離散時間信号のフーリエスペクトルには，アナログ信号にはみられない特別な性質が現れていることを理解し，その結果，サンプリング定理の理論的背景を知ることができた．

　ここまで学ぶことで，読者は離散時間信号と周波数の関係を理解した．ところで，この信号を処理する信号処理とは，どのようなものであろうか？　例えば，信号の中から特定の成分を取り出したり，除去する処理が考えられる．このような処理を行うシステムをフィルタ (filter) という．また，フィルタを用いて所望する信号を取り出す，あるいは除去する操作をフィルタリング (filtering) という．さらに，具体的に例を示すと，MP3 は，様々なフィルタが組み合わされて作られた大きなフィルタと捉えることができる．

　それでは，今まで学んできたフーリエ変換や離散時間フーリエ変換を用いて，この処理の様子を表現することは可能であろうか？　残念ながら，それは容易とはいえず，実は別な「変換」が使用されている．それが z 変換である．

　本章では，z 変換を離散時間フーリエ変換から導出する．z 変換をラプラス変換から導出する式は Column 4 に詳しく示している．また，本書において z 変換の対象となる信号は，既にアナログ信号から得られた離散時間信号とする．

扱う信号は常に離散時間信号であるため，時刻はすべてサンプリング周期 T で
正規化されているものとし，以降 $x(nT) = x[n]$（n は整数）と表す．

4.1　z 変換の定義

いま，離散時間信号 $x[n]$ が与えられるとき，その **z 変換** (z-transform) は次
式で表される．

$$X(z) = \sum_{n=0}^{\infty} x[n]z^{-n} \tag{4.1}$$

本書では，式 (4.1) を次のように表記する．

$$X(z) = \mathcal{Z}\{x[n]\} \tag{4.2}$$

図 4.1 に z 変換の概要を示す．

ここで，式 (4.1) 右辺の $\displaystyle\sum_{n=0}^{\infty}$ に注目すると，n は 0 から始まっている．そのた
め，これは片側 z 変換 (single sided z-transform) と呼ばれる．$n = -\infty$ から始
まる両側 z 変換 (double sided z-transform) も存在するが，一般に，片側 z 変換
を z 変換と呼ぶ．その理由として，変換の対象とする信号を因果性信号 (causal

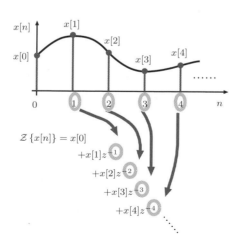

図 4.1　z 変換

Column 4　ラプラス変換と z 変換の関係

いま，アナログ信号 $x_A(t)$ をサンプリング周期 T でサンプリングし，得られる離散時間信号

$$x(t) = \sum_{n=-\infty}^{\infty} x(nT)\delta(t - nT)$$

をラプラス変換すると，次式が得られる．

$$\begin{aligned}
\mathcal{L}[x(t)] &= \int_0^{\infty} x(t)e^{-st}dt \\
&= \int_0^{\infty} \sum_{n=-\infty}^{\infty} x(nT)\delta(t - nT)e^{-st}dt \\
&= \sum_{n=-\infty}^{\infty} x(nT) \int_0^{\infty} \delta(t - nT)e^{-st}dt
\end{aligned}$$

ところで，インパルス信号の性質 (p.17 演習 5 の式 (2)) より，次式が得られる．

$$\mathcal{L}[x(t)] = \sum_{n=-\infty}^{\infty} x(nT)e^{-nsT}$$

ここで，複素変数 z を導入し，$e^{sT} \to z$ と変数変換すると，

$$\mathcal{L}[x(t)] = \sum_{n=-\infty}^{\infty} x(nT)z^{-n}$$

いま，$x(nT) = x[n]$ であり，また $x[n]$ は因果性信号であるため，

$$\mathcal{L}[x(t)] = \mathcal{Z}\{x[n]\} = \sum_{n=0}^{\infty} x[n]z^{-n}$$

となり，離散時間信号 $x(t)$ のラプラス変換が z 変換と対応することがわかる．

signal) と考えていることがあげられる．この**因果性信号**[1]とは，負の時間 $n < 0$
において信号値が 0 である信号であり，式で表すと，

$$x[n] = 0 \quad (n < 0) \tag{4.3}$$

となる．また，アナログ信号の場合も同様に，

$$x(t) = 0 \quad (t < 0) \tag{4.4}$$

で表現される．したがって，アナログ信号でも，離散時間信号でも，時刻を表
す t, n が負の値を示すとき，信号値は 0 となる信号が因果性信号である．一般
に我々が取り扱う信号は因果性信号であり，それを対象とするとき，両側 z 変
換と片側 z 変換は同一となることから，一般に片側 z 変換を z 変換と呼ぶ．

$\boxed{\text{演習 11}}$　離散時間信号の z 変換

　次の離散時間信号の z 変換を求めなさい．

(1)

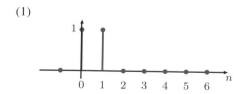

(2)

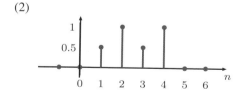

(3)

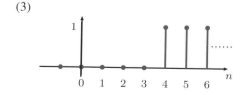

---

[1] この呼び名は，**システム応答の因果性**に関連して名付けられたものである．

4.2　z 変換とフーリエスペクトル

いま，信号 $x[n]$ が与えられるとき，その離散時間フーリエ変換によりフーリエスペクトル $X(\omega) = \mathcal{F}\{x[n]\}$ が得られ，z 変換により $X(z) = \mathcal{Z}\{x[n]\}$ が得られる．z 変換により得られた $X(z)$ とフーリエスペクトル $X(\omega)$ には，どのような関係があるだろうか？　以降，両者の関係について説明する．

4.1 節では，z 変換の定義について述べた．ところで，第 4 章の冒頭で述べたように，z 変換はラプラス変換と密接な関係があり，一般にはラプラス変換における変数を変更することにより z 変換を導出する．一方，ラプラス変換は，フーリエ変換と密接な関係がある．さらに第 3 章でフーリエ変換から離散時間フーリエ変換を導出した．このような背景から，z 変換は離散時間フーリエ変換と関係があることは，容易に予想できる．

信号 $x[n]$ の離散時間フーリエ変換が式 (3.4) で得られることを既に学んだ．その定義式において，変換対象となる信号 $x[n]$ が因果性信号であると考えると，次式が得られる．

$$X(\omega) = \sum_{n=0}^{\infty} x[n]e^{-j\omega n} \tag{4.5}$$

また，前節で説明したように，z 変換の定義は次式で示される．

$$X(z) = \sum_{n=0}^{\infty} x[n]z^{-n} \tag{4.6}$$

上の 2 式を比較すると，$X(\omega)$ と $X(z)$ の差異は，右辺の $e^{-j\omega n}$ と z^{-n} であり，$X(z)$ において z を $e^{j\omega}$ と置き換えれば，フーリエスペクトル $X(\omega)$ が得られることがわかる．言い替えると，$X(z)$ が与えられたとき，**$z \to e^{j\omega}$ の変数変換により，フーリエスペクトル $X(\omega)$ が得られる**ことになる．

演習 12　フーリエスペクトルの算出

$X(z) = 1 + z^{-1}$ のフーリエスペクトルを算出しなさい．また，その振幅スペクトルの概形を図示しなさい．

4.3   z 変換の性質

前節で説明したように，$X(z)$ が得られたとき，$z \rightarrow e^{j\omega}$ の変数の置き換えによりフーリエスペクトル $X(\omega)$ が得られた．したがって，既に学んだ離散時間フーリエ変換の性質の式に，$e^{j\omega} \rightarrow z$ の変数の置き換えを行えば，z 変換の性質が得られる．

いま，離散時間信号 $x[n], x_1[n], x_2[n]$ が与えられ，

$$\mathcal{Z}\{x[n]\} = X(z) \tag{4.7}$$

$$\mathcal{Z}\{x_1[n]\} = X_1(z) \tag{4.8}$$

$$\mathcal{Z}\{x_2[n]\} = X_2(z) \tag{4.9}$$

が得られたとして，以降に z 変換の性質について説明する．

4.3.1   線形性

z 変換における線形性 (linearity) は，次式で示される．

$$\mathcal{Z}\{ax_1[n] + bx_2[n]\} = aX_1(z) + bX_2(z) \tag{4.10}$$

上の性質は，次のように証明される．

$$
\begin{aligned}
\mathcal{Z}\{ax_1[n] + bx_2[n]\} &= \sum_{n=0}^{\infty} \{ax_1[n] + bx_2[n]\} z^{-n} \\
&= \sum_{n=0}^{\infty} ax_1[n]z^{-n} + \sum_{n=0}^{\infty} bx_2[n]z^{-n} \\
&= a\sum_{n=0}^{\infty} x_1[n]z^{-n} + b\sum_{n=0}^{\infty} x_2[n]z^{-n} \\
&= aX_1(z) + bX_2(z)
\end{aligned}
\tag{4.11}
$$

以上により，線形性が証明された．

4.3.2   推移特性

z 変換における推移特性 (time shifting) は，次式で示される．

$$\mathcal{Z}\{x[n-k]\} = z^{-k}X(z) \qquad (ただし\, k > 0) \tag{4.12}$$

上の性質は，次のように証明される．

$$\mathcal{Z}\{x[n-k]\} = \sum_{n=0}^{\infty} x[n-k]z^{-n} \tag{4.13}$$

上式を変形すると，

$$\mathcal{Z}\{x[n-k]\} = \sum_{n=0}^{\infty} x[n-k]z^{-(n-k)}z^{-k}$$
$$= z^{-k}\sum_{n=0}^{\infty} x[n-k]z^{-(n-k)} \tag{4.14}$$

上式において，$m = n - k$ の変数変換を行う．

$$\mathcal{Z}\{x[n-k]\} = z^{-k}\sum_{m=-k}^{\infty} x[m]z^{-m} \tag{4.15}$$

また，$m < 0$ のとき $x[m] = 0$ であるから，

$$\mathcal{Z}\{x[n-k]\} = z^{-k}\sum_{m=0}^{\infty} x[m]z^{-m} \tag{4.16}$$

つまり，上式右辺は，$z^{-k}X(z)$ となるので，推移特性が成り立つことが証明された．

　ここで，推移特性の持つ具体的な意味を図 4.2 を見て考えてみる．図 4.2 には，信号 $x[n]$ と，その信号に 3 だけ遅延を与えた信号 $x[n-3]$ が表示されている．各々の信号の z 変換は，

$$\mathcal{Z}\{x[n]\} = X(z) \tag{4.17}$$
$$\mathcal{Z}\{x[n-3]\} = z^{-3}X(z) \tag{4.18}$$

である．単位時間だけ遅延させると，$\mathcal{Z}\{x[n-1]\} = z^{-1}X(z)$ が成立して，z^{-1} は信号が単位時間遅延していることを表す演算子とみなすことができる．したがって，z^{-1} を **遅延演算子** (delay operator) と呼ぶ．

　以上で説明した線形性と推移特性を用いて，次の例題を解いてみよう．

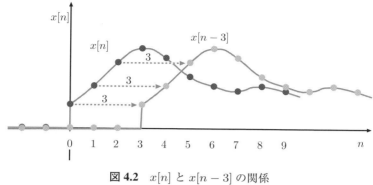

図 4.2 $x[n]$ と $x[n-3]$ の関係

■ 例題 4 z 変換の線形性と推移特性

図 4.3 に示す離散時間信号 $x[n]$（$n = 0$ から $n = 4$ まで高さが 2 で一定な信号）の z 変換 $X(z)$ を，単位ステップ信号系列 $u[n]$ の z 変換 $U(z)$ を利用して算出する．

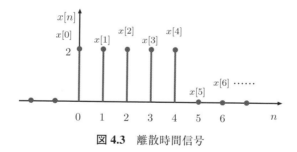

図 4.3 離散時間信号

□ 例題解答 4

離散時間信号 $x[n]$ は，$n = 0$ から $n = 4$ まで高さが 2 の信号である．したがって，図 4.4 に示す単位ステップ信号系列 $u[n]$ に次の処理を行うことにより，$x[n]$ を得る．

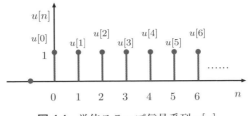

図 4.4 単位ステップ信号系列 $u[n]$

(i)	単位ステップ信号系列 $u[n]$ を用意する.		$\rightarrow u[n]$
(ii)	$u[n]$ を 5 遅延させた信号を用意する.		$\rightarrow u[n-5]$
(iii)	(ii) に -1 を乗じた信号を (i) に加算する.		$\rightarrow u[n] - u[n-5]$
(iv)	(iii) で得られた信号を 2 倍する.		$\rightarrow 2(u[n] - u[n-5])$

上の処理（図 4.5）により，

$$x[n] = 2\left(u[n] - u[n-5]\right) \tag{4.19}$$

と表されることがわかる．したがって，$x[n]$ の z 変換は，次の式変形により求められる．

$$\mathcal{Z}\{x[n]\} = \mathcal{Z}\{2\left(u[n] - u[n-5]\right)\} \tag{4.20}$$

上式を線形性に基づき変形すると，

$$\mathcal{Z}\{x[n]\} = 2\{\mathcal{Z}\{u[n]\} - \mathcal{Z}\{u[n-5]\}\} \tag{4.21}$$

上式を推移特性に基づき変形すると，

$$\begin{aligned}
\mathcal{Z}\{x[n]\} &= 2\left\{\mathcal{Z}\{u[n]\} - z^{-5}\mathcal{Z}\{u[n]\}\right\} \\
&= 2(1 - z^{-5})\mathcal{Z}\{u[n]\}
\end{aligned} \tag{4.22}$$

いま，$\mathcal{Z}\{u[n]\}$ は，

単位ステップ信号系列 $u[n]$

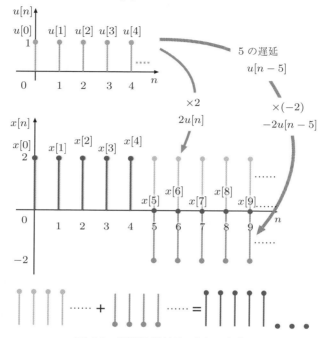

図 4.5　離散時間信号 $x[n]$ の生成

$$\mathcal{Z}\{u[n]\} = \sum_{n=0}^{\infty} u[n]z^{-n}$$
$$= \sum_{n=0}^{\infty} z^{-n}$$
$$= 1 + z^{-1} + z^{-2} + z^{-3} + \cdots \tag{4.23}$$

であり，$1 + z^{-1} + z^{-2} + z^{-3} + \cdots$ は，公比 z^{-1} の無限等比級数であるから，その総和を算出すると，次式が得られる．

$$\mathcal{Z}\{u[n]\} = \frac{1}{1 - z^{-1}} \tag{4.24}$$

式 (4.22) に式 (4.24) を代入すると，

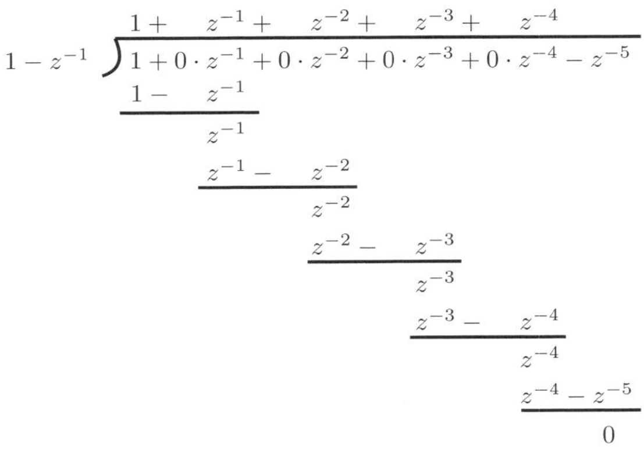

$$1 - z^{-1} \overline{\big)\,1 + 0 \cdot z^{-1} + 0 \cdot z^{-2} + 0 \cdot z^{-3} + 0 \cdot z^{-4} - z^{-5}}$$

$$\begin{array}{r} 1 + z^{-1} + z^{-2} + z^{-3} + z^{-4} \\[2pt] \underline{1 - z^{-1}} \\[2pt] z^{-1} \\[2pt] \underline{z^{-1} - z^{-2}} \\[2pt] z^{-2} \\[2pt] \underline{z^{-2} - z^{-3}} \\[2pt] z^{-3} \\[2pt] \underline{z^{-3} - z^{-4}} \\[2pt] z^{-4} \\[2pt] \underline{z^{-4} - z^{-5}} \\[2pt] 0 \end{array}$$

図 4.6 多項式の除算

$$X(z) = \frac{2(1 - z^{-5})}{1 - z^{-1}} \tag{4.25}$$

が得られる.

ところで，式 (4.1) に示した z 変換の定義

$$X(z) = \sum_{n=0}^{\infty} x[n] z^{-n} \tag{4.26}$$

から直接 $X(z)$ を算出すると，

$$X(z) = 2\left\{ 1 + z^{-1} + z^{-2} + z^{-3} + z^{-4} \right\} \tag{4.27}$$

が得られる．いま，式 (4.25) と式 (4.27) を比べてみると，その形が異なっている．しかしながら，両者は共に $x[n]$ の z 変換であり，同一でなければならない．両者が同一であるか否かを調べてみる．調べる方法として，式 (4.25) の分子の多項式を分母の多項式で除してみる（図 4.6 参照）．両者が一致することがわかる．

4.3.3 たたみ込み定理

z 変換におけるたたみ込み定理 (convolution theorem) は，次式で示される．

$$\mathcal{Z}\left\{ \sum_{k=0}^{\infty} x_1[k] x_2[n-k] \right\} = X_1(z) X_2(z) \tag{4.28}$$

上の式は次のように証明される.

$$\mathcal{Z}\left\{\sum_{k=0}^{\infty} x_1[k]x_2[n-k]\right\} = \sum_{n=0}^{\infty}\left\{\sum_{k=0}^{\infty} x_1[k]x_2[n-k]\right\}z^{-n}$$
$$= \sum_{n=0}^{\infty}\sum_{k=0}^{\infty} x_1[k]x_2[n-k]z^{-(n-k)}z^{-k} \quad (4.29)$$

$n' = n - k$ の変数変換より,

$$\mathcal{Z}\left\{\sum_{k=0}^{\infty} x_1[k]x_2[n-k]\right\} = \sum_{n'=0}^{\infty} x_2[n']z^{-n'}\sum_{k=0}^{\infty} x_1[k]z^{-k}$$
$$= X_1(z)X_2(z) \quad (4.30)$$

フーリエ変換と同様に,たたみ込みを行った信号の z 変換は,z 変換の積で表される.離散時間信号のたたみ込みは,信号の生成において極めて重要であり,5.3 節で詳しく説明する.

4.4 逆 z 変換

x[n] の z 変換 X(z) が与えられている場合に,x[n] を得る変換を逆 z 変換 (inverse z-transform) という.簡単な逆 z 変換を例に,z 変換の定義から逆 z 変換の処理について学んでみよう.

■ 例題 5 簡単な逆 z 変換

x[n] の z 変換 X(z) が下のように与えられている.x[n] を求めなさい.

$$X(z) = 1 + 2z^{-2} + 3z^{-3} - 2z^{-5} \quad (4.31)$$

□ 例題解答 5

z 変換の定義は $X(z) = \sum_{n=0}^{\infty} x[n]z^{-n}$ であり,つまり

$$X(z) = x[0]+x[1]z^{-1}+x[2]z^{-2}+x[3]z^{-3}+x[4]z^{-4}+x[5]z^{-5}+\cdots \quad (4.32)$$

を表している．いま，問題の z 変換 $X(z)$ は，

$$X(z) = 1 + 2z^{-2} + 3z^{-3} + (-2)z^{-5} \tag{4.33}$$

であり，2 つの式の等べきの係数を比較すると，下のように $x[n]$ が得られる．

$$x[n] = \{x[0] = 1,\ x[1] = 0,\ x[2] = 2,\ x[3] = 3,\ x[4] = 0,\ x[5] = -2\} \tag{4.34}$$

このようにして z^{-n} の等べきの係数を比較することにより，逆 z 変換を行うことができる．ところで，z 変換は例題 5 のように z^{-1} の多項式で表されるとは限らず，一般には次式に示す有理関数として与えられる．

$$X(z) = \frac{b_0 + b_1 z^{-1} + b_2 z^{-2} + \cdots + b_M z^{-M}}{a_0 + a_1 z^{-1} + a_2 z^{-2} + \cdots + a_N z^{-N}} \tag{4.35}$$

上の形で与えられた $X(z)$ の逆 z 変換を得る方法として，次の 2 つが知られている．

(1) べき級数展開法

(2) 部分分数展開法

以下に各々の方法について説明する．

4.4.1 べき級数展開法

べき級数展開法 (power series expansion method) とは，多項式の除算により得られる等べきの係数を比較することで，信号 $x[n]$ を得る方法である．例えば，$X(z)$ が次式で与えられているとき，

$$X(z) = \frac{b_0 + b_1 z^{-1} + b_2 z^{-2} + \cdots + b_M z^{-M}}{a_0 + a_1 z^{-1} + a_2 z^{-2} + \cdots + a_N z^{-N}} \tag{4.36}$$

分子の多項式と分母の多項式を除することにより，次式を得る．

$$\frac{b_0 + b_1 z^{-1} + b_2 z^{-2} + \cdots + b_M z^{-M}}{a_0 + a_1 z^{-1} + a_2 z^{-2} + \cdots + a_N z^{-N}}$$
$$= x[0] + x[1]z^{-1} + x[2]z^{-2} + x[3]z^{-3} + \cdots \tag{4.37}$$

上式右辺が得られれば，例題 5 と同様に z^{-n} の等べきの係数を比較することにより，$x[0], x[1], x[2], \ldots$ が得られる．

■ 例題 6　べき級数展開法による逆 z 変換

z 変換 $X(z)$ が，次に示す有理関数で表されている．

$$X(z) = \frac{1 + 2z^{-1} - 5z^{-2} + 6z^{-3}}{1 - 3z^{-1} + 2z^{-2}} \tag{4.38}$$

$X(z)$ の逆 z 変換 $x[n]$ をべき級数展開法により求めなさい．

□ 例題解答 6

図 4.7 のように分子の多項式と分母の多項式を除することで，次式を導く．

$$X(z) = 1 + 5z^{-1} + 8z^{-2} + 20z^{-3} + 44z^{-4} + \cdots \tag{4.39}$$

したがって，

$$Z^{-1}\{X(z)\} = \{x[0] = 1, \ x[1] = 5, \ x[2] = 8, \ x[3] = 20, \ x[4] = 44, \ldots\} \tag{4.40}$$

となる．

演習 13　べき級数展開法による逆 z 変換

z 変換 $X(z)$ が，次に示す有理関数で表されている．

$$X(z) = \frac{2 + z^{-1}}{1 - 2z^{-1} + z^{-2}}$$

$X(z)$ の逆 z 変換 $x[n]$ を求めなさい．

4.4.2　部分分数展開法

　べき級数展開法により逆 z 変換を行い，$x[n]$ を得るとき，割り切れなかった場合に，$x[n]$ を与える一般式を記すことができない．そこで，$x[n]$ の一般式を

$$\begin{array}{r}
1 \quad + \quad 5z^{-1} + \quad 8z^{-2} + \quad 20z^{-3} + \quad 44z^{-4} \cdots
\end{array}$$

$$1 - 3z^{-1} + 2z^{-2} \overline{)\;1 \;+\; 2z^{-1} \;-\; 5z^{-2} \;+\; 6z^{-3}}$$

$$
\begin{array}{r}
1 \;-\; 3z^{-1} \;+\; 2z^{-2} \\ \hline
5z^{-1} \;-\; 7z^{-2} \;+\; 6z^{-3} \\
5z^{-1} \;-\; 15z^{-2} \;+\; 10z^{-3} \\ \hline
8z^{-2} \;-\; 4z^{-3} \\
8z^{-2} \;-\; 24z^{-3} \;+\; 16z^{-4} \\ \hline
20z^{-3} \;-\; 16z^{-4} \\
20z^{-3} \;-\; 60z^{-4} \;+\; 40z^{-5} \\ \hline
44z^{-4} \;-\; 40z^{-5} \\
44z^{-4} \;-\; 132z^{-5} \;+\; 88z^{-6} \\ \hline
\vdots
\end{array}
$$

図 4.7 多項式の除算

与えることが可能な部分分数展開法 (partial-fraction expansion method) について説明する.

まず, $X(z)$ の分母を因数分解する.

$$X(z) = \frac{b_0 + b_1 z^{-1} + b_2 z^{-2} + \cdots + b_M z^{-M}}{a_0(1 - \mu_1 z^{-1})(1 - \mu_2 z^{-1}) \cdots (1 - \mu_N z^{-1})} \tag{4.41}$$

ただし, $X(z)$ の極（分母多項式の根）を $\mu_i\ (i = 1, \ldots, N)$ で表し, 理解を容易にするために $M \le N$ とし, μ_i は互いに異なる場合のみを扱う. このようにして分母を因数分解したあと, $X(z)$ を次式のように因数のみを分母とする分数の和で表現する.

$$X(z) = q_0 + \frac{q_1}{1 - \mu_1 z^{-1}} + \frac{q_2}{1 - \mu_2 z^{-1}} + \cdots + \frac{q_N}{1 - \mu_N z^{-1}} \tag{4.42}$$

このように, 分母と分子を多項式とする有理関数を, 分母の因数を各々分母とする有理関数の和にすることを部分分数展開という. また, q_i は**展開係数**と呼ばれ, 次式で与えられる.

$$q_i = (1 - \mu_i z^{-1}) X(z)\big|_{z = \mu_i} \quad (i = 1, \ldots, N) \tag{4.43}$$

$$q_0 = \frac{b_0}{a_0} - (q_1 + \cdots + q_N) \tag{4.44}$$

ただし，q_0 は，$M < N$ であるとき，0 となる．

いま，式 (4.42) のように $X(z)$ が部分分数展開されれば，その逆 z 変換は，

$$\mathcal{Z}^{-1}\{X(z)\} = \mathcal{Z}^{-1}\left\{ q_0 + \frac{q_1}{1 - \mu_1 z^{-1}} + \cdots + \frac{q_N}{1 - \mu_N z^{-1}} \right\} \tag{4.45}$$

となる．ここで，離散時間信号のインパルス（Column 5 参照）を $\delta[n]$ と表す
と，$\mathcal{Z}^{-1}\{1\} = \delta[n]$ となる．また，$\mathcal{Z}^{-1}\left\{ \dfrac{q_k}{1 - \mu_k z^{-1}} \right\} = q_k\,(\mu_k)^n$ であるか
ら，次式が得られる．

$$x[n] = q_0 \delta[n] + q_1 (\mu_1)^n u[n] + \cdots + q_N (\mu_N)^n u[n] \tag{4.46}$$

ところで，$X(z)$ の逆 z 変換により得られた $x[n]$ の一般式を見ると，$q_0 \delta[n]$ 以
外の項には $(\mu_k)^n$ が乗じられていることがわかる．この $(\mu_k)^n$ は，$\mu_k > 1$ で
あるとき，時間経過（n が大きくなる）とともに，その信号値が指数関数的に
増加する．

■ 例題 7 部分分数展開法による逆 z 変換

z 変換 $X(z)$ が，次に示す有理関数で表されている．

$$X(z) = \frac{1 + z^{-1}}{(z^{-1} - 1)(z^{-1} - 2)(z^{-1} - 3)} \tag{4.47}$$

$X(z)$ の逆 z 変換 $x[n]$ を求めなさい．

□ 例題解答 7

分母の 3 つの因数 $1 - z^{-1}, 1 - \frac{1}{2}z^{-1}, 1 - \frac{1}{3}z^{-1}$ を用いて，部分分数に展
開すると，

$$
\begin{aligned}
X(z) &= \frac{-\frac{1}{6}(1 + z^{-1})}{(1 - z^{-1})(1 - \frac{1}{2}z^{-1})(1 - \frac{1}{3}z^{-1})} \\
&= \frac{A}{1 - z^{-1}} + \frac{B}{1 - \frac{1}{2}z^{-1}} + \frac{C}{1 - \frac{1}{3}z^{-1}}
\end{aligned} \tag{4.48}
$$

となる．以下で，A, B, C を求める．

i) A を求める.

$$A = \left[X(z)(1 - z^{-1}) \right]_{z^{-1}=1}$$

$$= \left[\frac{-\frac{1}{6}(1 + z^{-1})}{(1 - z^{-1})(1 - \frac{1}{2}z^{-1})(1 - \frac{1}{3}z^{-1})}(1 - z^{-1}) \right]_{z^{-1}=1}$$

$$= -1 \tag{4.49}$$

以下で, $\left[X(z)(1 - z^{-1}) \right]_{z^{-1}=1} = A$ が成り立つことを確認する.

$$X(z) = \frac{A}{1 - z^{-1}} + \frac{B}{1 - \frac{1}{2}z^{-1}} + \frac{C}{1 - \frac{1}{3}z^{-1}} \tag{4.50}$$

の両辺に $1 - z^{-1}$ を乗じると, 以下のようになる.

$$(1 - z^{-1})X(z) = (1 - z^{-1})\frac{A}{1 - z^{-1}} + (1 - z^{-1})\frac{B}{1 - \frac{1}{2}z^{-1}}$$

$$+ (1 - z^{-1})\frac{C}{1 - \frac{1}{3}z^{-1}} \tag{4.51}$$

$z^{-1} = 1$ を代入すると, 次式が得られる.

$$(1 - z^{-1})X(z)\big|_{z^{-1}=1} = A \tag{4.52}$$

ii) B を求める.

$$B = \left[X(z)(1 - \frac{1}{2}z^{-1}) \right]_{z^{-1}=2}$$

$$= \left[\frac{-\frac{1}{6}(1 + z^{-1})}{(1 - z^{-1})(1 - \frac{1}{2}z^{-1})(1 - \frac{1}{3}z^{-1})}(1 - \frac{1}{2}z^{-1}) \right]_{z^{-1}=2}$$

$$= \frac{3}{2} \tag{4.53}$$

iii) C を求める.

$$C = \left[X(z)(1 - \frac{1}{3}z^{-1}) \right]_{z^{-1}=3}$$

$$= \left[\frac{-\frac{1}{6}(1 + z^{-1})}{(1 - z^{-1})(1 - \frac{1}{2}z^{-1})(1 - \frac{1}{3}z^{-1})}(1 - \frac{1}{3}z^{-1}) \right]_{z^{-1}=3}$$

$$= -\frac{2}{3} \tag{4.54}$$

求めた A, B, C より $X(z)$ は下のように部分分数展開できる.

$$X(z) = -\frac{1}{1 - z^{-1}} + \frac{3}{2} \cdot \frac{1}{1 - \frac{1}{2}z^{-1}} - \frac{2}{3} \cdot \frac{1}{1 - \frac{1}{3}z^{-1}} \tag{4.55}$$

右辺の各項を逆 z 変換する.

$$\mathcal{Z}^{-1}\left\{-\frac{1}{1 - z^{-1}}\right\} = -u[n] \tag{4.56}$$

$$\mathcal{Z}^{-1}\left\{\frac{3}{2} \cdot \frac{1}{1 - \frac{1}{2}z^{-1}}\right\} = \frac{3}{2}\left(\frac{1}{2}\right)^n u[n] \tag{4.57}$$

$$\mathcal{Z}^{-1}\left\{-\frac{2}{3} \cdot \frac{1}{1 - \frac{1}{3}z^{-1}}\right\} = -\frac{2}{3}\left(\frac{1}{3}\right)^n u[n] \tag{4.58}$$

したがって, $\mathcal{Z}^{-1}\{X(z)\} = x[n]$ は

$$x[n] = -u[n] + \frac{3}{2}\left(\frac{1}{2}\right)^n u[n] - \frac{2}{3}\left(\frac{1}{3}\right)^n u[n] \tag{4.59}$$

となる.

Column 5　展開係数 q_i

$q_i = (1 - \mu_i z^{-1})X(z)\big|_{z=\mu_i}$ $(i = 1, \ldots, N)$ であること, および $q_0 = \frac{b_0}{a_0} - (q_1 + \cdots + q_N)$ であることを以下に示す.

(1)　$q_i = (1 - \mu_i z^{-1})X(z)\big|_{z=\mu_i}$ $(i = 1, \ldots, N)$ であること

式 (4.42) の両辺に $(1 - \mu_i z^{-1})$ をかけると,

$$X(z)(1 - \mu_i z^{-1})$$

$$= q_0(1 - \mu_i z^{-1}) + \frac{q_1(1 - \mu_i z^{-1})}{1 - \mu_1 z^{-1}} + \cdots + q_i + \cdots + \frac{q_N(1 - \mu_i z^{-1})}{1 - \mu_N z^{-1}}$$

$$\frac{b_0 + b_1 z^{-1} + b_2 z^{-2} + \cdots + b_M z^{-M}}{a_0(1 - \mu_1 z^{-1}) \cdots (1 - \mu_{i-1} z^{-1})(1 - \mu_{i+1} z^{-1}) \cdots (1 - \mu_N z^{-1})}$$

$$= q_0(1 - \mu_i z^{-1}) + \frac{q_1(1 - \mu_i z^{-1})}{1 - \mu_1 z^{-1}} + \cdots + q_i + \cdots + \frac{q_N(1 - \mu_i z^{-1})}{1 - \mu_N z^{-1}}$$

ここで，$z = \mu_i$ のとき，上式は以下に示すようになる．

$$\frac{b_0 + b_1\mu_i^{-1} + b_2\mu_i^{-2} + \cdots + b_M\mu_i^{-M}}{a_0(1 - \mu_1\mu_i^{-1})\cdots(1 - \mu_{i-1}\mu_i^{-1})(1 - \mu_{i+1}\mu_i^{-1})\cdots(1 - \mu_N\mu_i^{-1})} = q_i$$

よって，

$$q_i = (1 - \mu_i z^{-1})X(z)\Big|_{z=\mu_i}$$

(2) $q_0 = \dfrac{b_0}{a_0} - (q_1 + \cdots + q_N)$ であること

$$X(z) = \frac{b_0 + b_1 z^{-1} + b_2 z^{-2} + \cdots + b_M z^{-M}}{a_0 + a_1 z^{-1} + a_2 z^{-2} + \cdots + a_N z^{-N}}$$
$$= q_0 + \frac{q_1}{1 - \mu_1 z^{-1}} + \cdots + \frac{q_N}{1 - \mu_N z^{-1}}$$

ここで，各項にべき級数展開法を適用すると，

$$\frac{b_0}{a_0} + \frac{a_0 b_1 - a_1 b_0}{a_0^2} z^{-1} + \cdots$$
$$= q_0 + (q_1 + q_1\mu_1 z^{-1} + \cdots) + \cdots + (q_N + q_N\mu_N z^{-1} + \cdots)$$

定数の項に注目すると，

$$\frac{b_0}{a_0} = q_0 + q_1 + \cdots + q_N$$

$$q_0 = \frac{b_0}{a_0} - (q_1 + \cdots + q_N)$$

Column 6 $\mathcal{Z}^{-1}\{1\}$ および $\mathcal{Z}^{-1}\left\{\dfrac{q_k}{1-\mu_k z^{-1}}\right\}$

$\mathcal{Z}^{-1}\{1\}=\delta[n]$ であること,および $\mathcal{Z}^{-1}\left\{\dfrac{q_k}{1-\mu_k z^{-1}}\right\}=q_k\,(\mu_k)^n$ であることを以下に示す.

(1) $\mathcal{Z}^{-1}\{1\}=\delta[n]$ であること

z 変換の定義 $X(z)=\sum_{n=0}^{\infty} x[n]z^{-n}$ より

$$x[n]=\{x[0]=1\}$$

したがって,$\mathcal{Z}^{-1}\{1\}=\delta[n]$.

(2) $\mathcal{Z}^{-1}\left\{\dfrac{q_k}{1-\mu_k z^{-1}}\right\}=q_k\,(\mu_k)^n$ であること

$$\mathcal{Z}^{-1}\left\{\frac{q_k}{1-\mu_k z^{-1}}\right\}=q_k\mathcal{Z}^{-1}\left\{\frac{1}{1-\mu_k z^{-1}}\right\}$$

ここで,$1-\mu_k z^{-1}$ を公比 $\mu_k z^{-1}$ の等比級数の和と考えると,

$$\mathcal{Z}^{-1}\left\{\frac{q_k}{1-\mu_k z^{-1}}\right\}=q_k\mathcal{Z}^{-1}\left\{1+\mu_k z^{-1}+(\mu_k)^2 z^{-2}+\cdots\right\}$$

等べきの係数を比較することによって逆 z 変換を得る.

$$x[n]=q_k\,(\mu_k)^n$$

4.5 代表的な時間関数とその z 変換

代表的な離散時間信号に対する z 変換を表 4.1 に示す.

表 4.1 代表的な離散時間信号の z 変換対

離散時間信号	z 変換（サンプリング周期 T）
$\delta[n]$	1
$\delta[n-k]$	z^{-k}
$u[n]$	$\dfrac{1}{1-z^{-1}}$
e^{-an}	$\dfrac{1}{1-e^{-a}z^{-1}}$
$\sin \omega nT$	$\dfrac{z^{-1}\sin \omega T}{1-2z^{-1}\cos \omega T + z^{-2}}$
$\cos \omega nT$	$\dfrac{1-z^{-1}\cos \omega T}{1-2z^{-1}\cos \omega T + z^{-2}}$
$e^{-an}\sin \omega nT$	$\dfrac{z^{-1}e^{-a}\sin \omega T}{1-2z^{-1}e^{-a}\cos \omega T + e^{-2a}z^{-2}}$
$e^{-an}\cos \omega nT$	$\dfrac{1-z^{-1}e^{-a}\cos \omega T}{1-2z^{-1}e^{-a}\cos \omega T + e^{-2a}z^{-2}}$
n	$\dfrac{z^{-1}}{(1-z^{-1})^2}$
$a^n u[n]$	$\dfrac{1}{(1-az^{-1})}$

───────────────────── **章末問題** ─────────────────────

問 4.1 次の $x[n]$ の z 変換を求めなさい.

$$x[n] = \left(-\frac{1}{3}\right)^n u[n] - \left(\frac{1}{2}\right)^{n-1} u[n-1]$$

問 4.2 離散時間信号 $x[n]$ の z 変換が次式で与えられている. $x[n]$ を求めなさい.

(1) $X(z) = (1 - \frac{1}{2}z^{-1})(1 + z^{-1})(1 - z^{-1})$

(2) $X(z) = \dfrac{1 + 2z^{-1} + z^{-2}}{1 - \frac{3}{2}z^{-1} + \frac{1}{2}z^{-2}}$

5

離散時間システム

システム (system) は，広く用いられる用語であるが，ここでは，信号を処理
する働きを持つ信号処理システムを示すものとする．さらに，このシステムの
中でも，離散時間信号を入力信号としたとき，出力信号も離散時間信号で得ら
れるシステムは**離散時間システム** (discrete-time system) と呼ばれる．離散時間
システムには様々な種類が存在するが，本書では線形で時不変な因果システム
を対象とする．

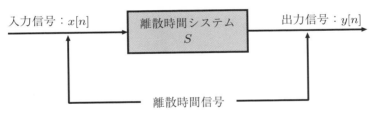

図 5.1 離散時間システム

5.1 システムの分類

本書で扱うシステムは，線形で時不変な因果システムである．線形システム，
時不変システム，因果システムの定義は以下の通りである．

i) **線形システム** (linear system)

離散時間信号 $x_1[n]$ および $x_2[n]$ をシステムに入力したときの出力が
$y_1[n]$ および $y_2[n]$ であったとする．このとき，任意の定数 a, b に対して

$ax_1[n] + bx_2[n]$ をシステムに入力したとき，出力信号が $ay_1[n] + by_2[n]$ となるシステムを線形システムと呼ぶ.

ii)　時不変システム (time-invariant system)

離散時間信号 $x[n]$ をシステムに入力したときの出力が $y[n]$ であったとする. このとき，n_0 時刻推移した信号 $x[n - n_0]$ をシステムに入力したとき，出力信号が $y[n - n_0]$ となるシステムを時不変システムと呼ぶ. すなわち，特性が時間とともに変化することのないシステムである.

iii)　因果システム (causal system)

システムの出力 $y[m]$ が $n \leq m$ の入力信号 $x[n]$ のみによって決定されるシステム，すなわち，信号が入力される前に信号を出力しないシステムを因果システムと呼ぶ. 一方，信号が入力されていない時刻も信号を出力するシステムを非因果システムと呼ぶ.

上で説明した各システムの特徴を，表 5.1 にまとめる.

5.2　離散時間システムと伝達関数

システムの特徴を知るうえで重要となるのが，**伝達関数** (transfer function) である. 入力信号 $x[n]$ および出力信号 $y[n]$ の z 変換をそれぞれ $X(z), Y(z)$ で表すとき，伝達関数 $H(z)$ は次式で定義される.

$$H(z) = \frac{Y(z)}{X(z)} \tag{5.1}$$

上式両辺に $X(z)$ を乗じると，次式が得られる.

$$Y(z) = H(z) \cdot X(z) \tag{5.2}$$

上式を見ると，入力信号 $x[n]$ の z 変換 $X(z)$ に伝達関数 $H(z)$ を乗じることにより，出力信号 $y[n]$ の z 変換 $Y(z)$ が得られており，システム L の入出力の関係を表しているといえる. その関係を図 5.2 に示す.

表 5.1 離散時間システム

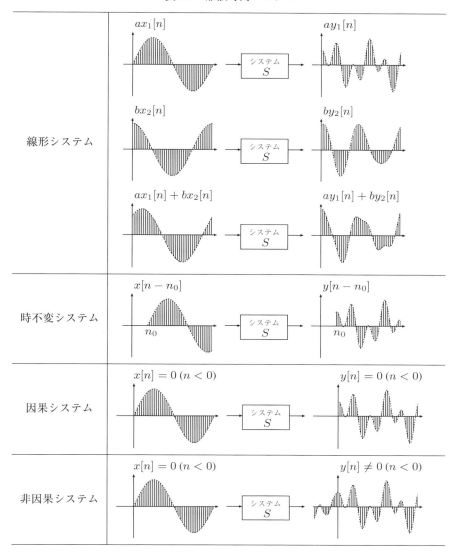

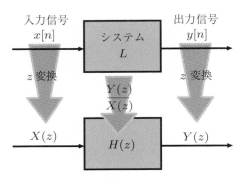

図 5.2　離散時間システム

5.2.1　インパルス応答と伝達関数

さらに伝達関数について考えてみよう.$X(z), Y(z)$ を逆 z 変換すると,それぞれ入力信号 $x[n]$,出力信号 $y[n]$ が得られる.それでは,伝達関数 $H(z)$ を逆 z 変換すると,何が得られるであろうか?

z 変換により得られた z で表された関数を逆 z 変換すると,離散時間信号が得られる.同様に,伝達関数 $H(z)$ に逆 z 変換を施すことによって信号が得られる.この信号を特に**インパルス応答** (impulse response) と呼ぶ.この名前の由来は,伝達関数の定義式

$$H(z) = \frac{Y(z)}{X(z)} \tag{5.3}$$

の右辺において,$X(z) = 1$ を代入することにより明らかになる.$X(z) = 1$ を代入すれば,

$$H(z) = Y(z) \tag{5.4}$$

となり,$H(z)$ の逆 z 変換は $Y(z)$ の逆 z 変換 $y[n]$ と等しくなる.また,$X(z) = 1$ である $X(z)$ の逆 z 変換は,$\delta[n]$ である.これより,伝達関数 $H(z)$ を持つシステムにインパルス信号を入力したときの出力信号が,すなわち,$H(z)$ を逆 z 変換することにより得られる信号であり,これがインパルス応答という名前の由来となっている.インパルス応答の様子を図 5.3 に示す.

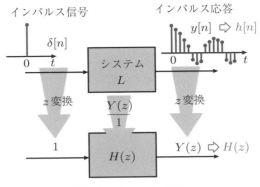

図 5.3 インパルス応答

5.2.2 伝達関数によるシステムの表現

先に，伝達関数がシステムの特徴を知るうえで重要であることを述べた．もう少し具体的にその重要性を説明しよう．伝達関数が与えられると，システムの内部でどのような処理が信号に施されているか，そのすべてがわかる．例として，次の伝達関数が与えられた場合に，システムでどのような処理が行われているかを調べてみる．

$$H(z) = \frac{1}{1 + 4z^{-1}} \tag{5.5}$$

入力信号 $x[n]$ の z 変換を $X(z)$，出力信号 $y[n]$ の z 変換を $Y(z)$ とすると，伝達関数の定義により次式が成立する．

$$Y(z) = \frac{1}{1 + 4z^{-1}} X(z) \tag{5.6}$$

上式の分母を払うと，

$$Y(z)(1 + 4z^{-1}) = X(z) \tag{5.7}$$

さらに，左辺を変形すると，次式が得られる．

$$Y(z) + 4z^{-1}Y(z) = X(z) \tag{5.8}$$

$$Y(z) = X(z) - 4z^{-1}Y(z) \tag{5.9}$$

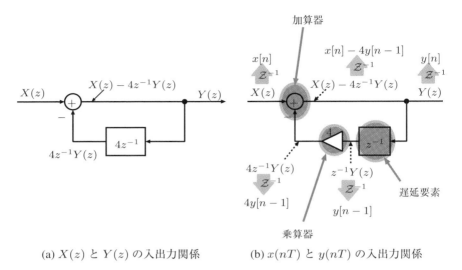

(a) $X(z)$ と $Y(z)$ の入出力関係　　　(b) $x(nT)$ と $y(nT)$ の入出力関係

図 5.4　システムの構成

上式は，$Y(z)$ が $X(z)$ と $-4z^{-1}Y(z)$ の和により得られることを示している．その関係を図 5.4 (a) に示す．さらに，式 (5.9) の各項の逆 z 変換は，次式で得られることから，

$$\mathcal{Z}^{-1}\left\{Y(z)\right\} = y[n] \tag{5.10}$$

$$\mathcal{Z}^{-1}\left\{4z^{-1}Y(z)\right\} = 4y[n-1] \tag{5.11}$$

$$\mathcal{Z}^{-1}\left\{X(z)\right\} = x[n] \tag{5.12}$$

式 (5.9) の両辺に逆 z 変換を施した結果は次式となる．

$$y[n] + 4y[n-1] = x[n] \tag{5.13}$$

上式は，出力信号 $y[n]$ が $x[n]$ と $-4y[n-1]$ の和により得られていることを示しており，その関係を図 5.4 (a) に合わせて書き直すと，図 5.4 (b) となる．ただし，図 5.4 (b) では，信号の加算，信号に定数を乗ずる乗算，信号の時刻遅れを生成する遅延素子を記号で表し，信号の入出力の関係を表すブロック図とした．図 5.4 (b) を見ると，伝達関数が $H(z)$ で与えられるシステムにおいて，入

力信号 $x[n]$ にどのような処理が施されて出力信号 $y[n]$ が得られているのかを知ることができる. すなわち, 伝達関数 $H(z)$ により, システムで行われる処理のすべてを知ることができ, $H(z)$ の重要性がわかる.

■ 例題 8 伝達関数の算出

図 5.5 に示す離散時間システムの伝達関数を求めなさい.

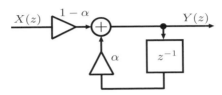

図 5.5 例題 8 の離散時間システム

□ 例題解答 8

例題 8 について次の方程式が成り立つ.

$$Y(z) = \alpha z^{-1} Y(z) + (1 - \alpha) X(z) \tag{5.14}$$

上式を整理すると, 伝達関数 $H(z)$ は次のように求められる.

$$(1 - \alpha z^{-1}) Y(z) = (1 - \alpha) X(z)$$
$$\frac{Y(z)}{X(z)} = \frac{1 - \alpha}{1 - \alpha z^{-1}} = H(z) \tag{5.15}$$

演習 14   離散時間システムの伝達関数

以下に示す離散時間システムの伝達関数を求めなさい.

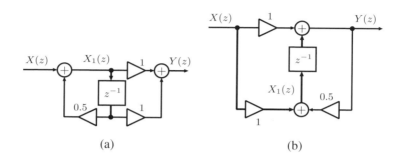

(a)   (b)

Column 7　ブロックダイアグラムの作成

演習 14 の (a) と (b) は,システムの構造は異なるが,同じ入出力関係
を持つ.すなわち,同じ伝達関数であっても,異なるブロックダイアグ
ラムが作成されることがある.実際は,伝達関数からブロックダイアグ
ラムの作成を行う様々なソフトウェアが提供されており,加算器や乗算
器,遅延素子の少ないブロックダイアグラムが作成される.特に,乗算
器は加算器に比べて回路規模が大きく,その問題を回避しようとすると,
消費電力が大きくなるという問題が一般に知られており,乗算器の個数
が少ないフィルタを実現する必要がある.

5.3　離散時間信号のたたみ込み演算

　与えられたシステムが線形で時不変なシステムである場合,システムにある
入力信号 $x[n]$ を与えるとき,その出力信号 $y[n]$ は入力信号 $x[n]$ とシステムの
インパルス応答 $h[n]$ のたたみ込みにより与えられることが知られている.以下

に，それが成り立つことを確認してみよう．

いま，システムの伝達関数を $H(z)$，入力信号の z 変換を $X(z)$，出力信号の z 変換を $Y(z)$ で表す．伝達関数の定義より，

$$H(z) = \frac{Y(z)}{X(z)} \tag{5.16}$$

が成立し，これを次式のように変形する．

$$Y(z) = H(z)X(z) \tag{5.17}$$

上式の両辺に逆 z 変換を施すと，次式が得られる．

$$y[n] = \sum_{k=0}^{\infty} x[k]h[n-k] \tag{5.18}$$

上式右辺は，$x[n]$ と $h[n]$ のたたみ込み演算であり，すなわち，出力信号 $y[n]$ が入力信号 $x[n]$ とインパルス応答 $h[n]$ のたたみ込みで与えられることがわかる．このように，伝達関数の定義と逆 z 変換により式 (5.18) を導出したが，実は本章冒頭で述べたように，与えられたシステムが線形で時不変なシステム（以降，線形時不変システム (linear time-invariant system) と呼ぶ）であるとき，出力信号が式 (5.18) で与えられることを式変形により得ることができる．参考のために，その様子を図 5.6 に示す．

いま，入力信号 $x[n]$ を次のように考えてみる．

$$x[n] = \sum_{k=0}^{\infty} x[k]\delta[n-k] \tag{5.19}$$

右辺の $x[0]$ を取り出してみると，その信号は $x[0]\delta[n-0]$ と表現できる．信号 $x[n]$ をシステム $\mathcal{S}$ に入力すると，その出力 $y[n]$ は，$\mathcal{S}$ が線形システムであることから次式で与えられる．

$$\begin{aligned}
y[n] &= \mathcal{S}\left\{x[0]\delta[n-0] + x[1]\delta[n-1] + \cdots\right\} \\
&= \mathcal{S}\left\{x[0]\delta[n-0]\right\} + \mathcal{S}\left\{x[1]\delta[n-1]\right\} + \cdots \\
&= x[0]\mathcal{S}\left\{\delta[n-0]\right\} + x[1]\mathcal{S}\left\{\delta[n-1]\right\} + \cdots
\end{aligned} \tag{5.20}$$

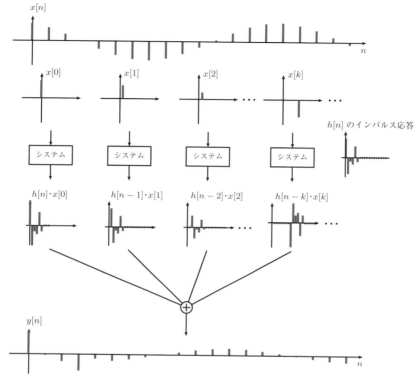

図 5.6　離散時間システムの入出力関係

$\mathcal{S}\{\delta[n]\}$ は，インパルス応答であり，$\mathcal{S}$ が時不変システムであることから，$\mathcal{S}\{\delta[n]\} = h[n]$ と変形できる．よって，式 (5.20) は次のようになる．

$$y[n] = x[0]h[n-0] + x[1]h[n-1] + \cdots$$
$$= \sum_{k=0}^{\infty} x[k]h[n-k] \tag{5.21}$$

上式右辺はたたみ込み演算に一致する．したがって，線形時不変システムの出力信号 $y[n]$ は，入力信号 $x[n]$ とインパルス応答 $h[n]$ のたたみ込みにより得られることがわかる．

■ 例題9 たたみ込みの実行

以下に示すインパルス応答 $h[n]$ を持つ線形時不変システムに，入力信号 $x[n]$ が与えられている．たたみ込みにより出力信号を求めなさい．

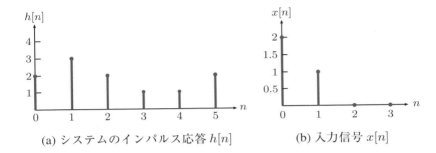

(a) システムのインパルス応答 $h[n]$ (b) 入力信号 $x[n]$

□ 例題解答9

$$y[n] = \sum_{k=0}^{1} x[k]h[n-k] \tag{5.22}$$

$n = 0$：
$$y[0] = x[0]h[0] = 2 \cdot 2 = 4 \tag{5.23}$$

$n = 1$：
$$y[1] = x[0]h[1] + x[1]h[0] = 2 \cdot 3 + 1 \cdot 2 = 8 \tag{5.24}$$

$n = 2$：
$$y[2] = x[0]h[2] + x[1]h[1] = 2 \cdot 2 + 1 \cdot 3 = 7 \tag{5.25}$$

$n = 3$：
$$y[3] = x[0]h[3] + x[1]h[2] = 2 \cdot 1 + 1 \cdot 2 = 4 \tag{5.26}$$

$n = 4$：
$$y[4] = x[0]h[4] + x[1]h[3] = 2 \cdot 1 + 1 \cdot 1 = 3 \tag{5.27}$$

$n = 5:$

$$y[5] = x[0]h[5] + x[1]h[4] = 2 \cdot 2 + 1 \cdot 1 = 5 \tag{5.28}$$

$n = 6:$

$$y[6] = x[0]h[6] + x[1]h[5] = 2 \cdot 0 + 1 \cdot 2 = 2 \tag{5.29}$$

$n = 7:$

$$y[7] = x[0]h[7] + x[1]h[6] = 2 \cdot 0 + 1 \cdot 0 = 0 \tag{5.30}$$

したがって，出力信号は図 5.7 となる．

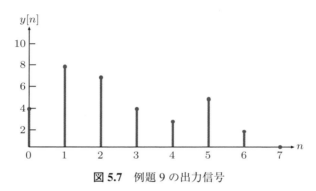

図 5.7　例題 9 の出力信号

演習 15　たたみ込みの実行

図に示すインパルス応答 $h[n]$ を持つ線形時不変システムに，入力信号 $x[n]$ が与えられている．たたみ込みにより出力信号を求めなさい．

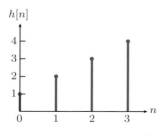
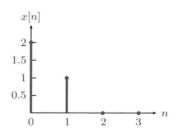

(a) システムのインパルス応答 $h[n]$　　　　(b) 入力信号 $x[n]$

5.4 伝達関数の周波数特性

4.2 節で述べたように，変数 z は $e^{j\omega}$ に対応する．したがって，離散時不変システムの伝達関数 $H(z)$ について，変数 z を ω に変更すれば，$H(z)$ の周波数特性 $H(\omega)$ が得られる．

ここで，

$$H(z) = \frac{b_0 + b_1 z^{-1} + \cdots + b_M z^{-M}}{1 + a_1 z^{-1} + \cdots + a_N z^{-N}} \tag{5.31}$$

の周波数特性は，

$$\begin{aligned} H(\omega) &= H(z)|_{z=e^{j\omega}} \\ &= \frac{b_0 + b_1 e^{-j\omega} + \cdots + b_M e^{-jM\omega}}{1 + a_1 e^{-j\omega} + \cdots + a_N e^{-jN\omega}} \end{aligned} \tag{5.32}$$

となる．第 2 章で説明したように，フーリエスペクトルの特徴を知るために，振幅スペクトルと位相スペクトルを表示した．同様に，システムの周波数特性から，振幅スペクトル $|H(\omega)|$ と位相スペクトル $\Phi_{H(\omega)}$ を表示することを考える．ただし，

$$H(\omega) = |H(\omega)| e^{j\Phi_{H(\omega)}} \tag{5.33}$$

とする．

~~~~~~

Column 8 伝達関数の周波数特性

線形時不変システムの周波数特性 $H(\omega)$ は，$\mathcal{F}^{-1}\{H(\omega)\} = h(t)$ から，インパルス応答 $h(t)$ のフーリエスペクトルを表すことがわかる．5.2 節で述べたように，システムの伝達関数 $H(z)$ が与えられれば，そのシステムにおける信号の処理の詳細を知ることができる．それでは，$H(\omega)$ を知る必要性はどこにあるのだろうか？ 式 (5.2) に示したように，

$$Y(z) = H(z)X(z)$$

であり，変数 z に $e^{j\omega}$ を代入すれば，

$$Y(\omega) = H(\omega)X(\omega)$$

が得られる．つまり，出力信号のフーリエスペクトルは，インパルス応答のフーリエスペクトルと入力信号のフーリエスペクトルの積で表される．さらに，上式を式 (2.7)，式 (2.8) にならって振幅スペクトルと位相スペクトルに分けて考えると，

$$|Y(\omega)|e^{j\Phi_Y(\omega)} = |H(\omega)|e^{j\Phi_H(\omega)}|X(\omega)|e^{j\Phi_X(\omega)}$$

に変形され，

$$|Y(\omega)| = |H(\omega)||X(\omega)|$$

が成り立つ．例えば，実際の信号を用いて $|Y(\omega)|$, $|H(\omega)|$, $|X(\omega)|$ を算出し，それを図に示すと下のようになる．図を見てわかるように，入力信号の振幅スペクトル $|X(\omega)|$ にシステムの振幅スペクトル $|H(\omega)|$ を乗じることにより，出力信号の振幅スペクトル $|Y(\omega)|$ の高周波成分が取り除かれている．このように，$H(\omega)$ を知ることによって，与えられたシステムが入力信号のどの周波数成分を通過させ，どの周波数成分を遮断したいのかがわかる．

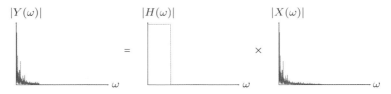

5.4.1　振幅スペクトル

振幅スペクトルを式 (5.32) 右辺について算出するとき，具体的には，どのように計算すればよいだろうか？　通常のグラフを描くように，ω を変化させながら $|H(\omega)|$ を算出し，それをプロットしていくのだろうか？　実は，次のように算出できることが知られている．まず，

$$H(z) = \frac{b_0 + b_1 z^{-1} + \cdots + b_M z^{-M}}{1 + a_1 z^{-1} + \cdots + a_N z^{-N}} \tag{5.34}$$

の分子と分母を，一次因子の積に因数分解する．

$$H(z) = \frac{b_0(1 - \beta_1 z^{-1})(1 - \beta_2 z^{-1}) \cdots (1 - \beta_M z^{-1})}{(1 - \alpha_1 z^{-1})(1 - \alpha_2 z^{-1}) \cdots (1 - \alpha_N z^{-1})} \tag{5.35}$$

このとき，分子多項式の根である β_i $(i = 1, \ldots, M)$ は $H(z)$ の**零点** (zero) といい，分母多項式の根である α_i $(i = 1, \ldots, N)$ は $H(z)$ の**極** (pole) という．

$H(z)$ の振幅スペクトル $|H(z)|$ を算出するために，

$$|H(z)| = \frac{|b_0||1 - \beta_1 z^{-1}||1 - \beta_2 z^{-1}| \cdots |1 - \beta_M z^{-1}|}{|1 - \alpha_1 z^{-1}||1 - \alpha_2 z^{-1}| \cdots |1 - \alpha_N z^{-1}|} \tag{5.36}$$

を考える．ここで，分子から1つの項 $|1 - \beta_i z^{-1}|$ $(i \in \{1, \ldots, M\})$ を取り出して考えてみる．この項に $z = e^{j\omega}$ を代入すると，次式が得られる．

$$|1 - \beta_i z^{-1}|\big|_{z = e^{j\omega}} = |1 - \beta_i e^{-j\omega}| \tag{5.37}$$

上式右辺を次式のように変形すると，

$$|1 - \beta_i e^{-j\omega}| = |e^{-j\omega}||e^{j\omega} - \beta_i| \tag{5.38}$$

オイラーの定理より，$e^{-j\omega} = \cos\omega - j\sin\omega$ だから，$|e^{-j\omega}| = 1$ であり，上式は，

$$|1 - \beta_i e^{-j\omega}| = |e^{j\omega} - \beta_i| \tag{5.39}$$

となる．β_i は多項式 $b_0 + b_1 z^{-1} + \cdots + b_M z^{-M} = 0$ の根であるから，複素数根，あるいは実根となる．両者を分けて $|e^{j\omega} - \beta_i|$ の値について考えてみる．

(1) β_i が複素数根（虚部が正）である場合：

いま，

$$\begin{aligned} \beta_i &= |\beta_i|e^{j\theta} \\ &= |\beta_i|(\cos\theta + j\sin\theta) \end{aligned} \tag{5.40}$$

で表し，

$$e^{j\omega} = \cos\omega + j\sin\omega \tag{5.41}$$

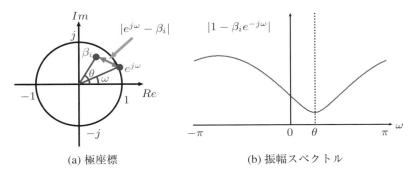

(a) 極座標　　　　　　　　　(b) 振幅スペクトル

図 **5.8**　β_i が複素数根（虚部が正）の場合の極座標表示と振幅スペクトルの関係

を表す点と併せて複素平面上に図示すると，図 5.8 となる．$|e^{j\omega} - \beta_i|$ に対応する部分が，図 5.8 (a) に示されている．図を見てわかるように，$|e^{j\omega} - \beta_i|\left(= |1 - \beta_i e^{-j\omega}|\right)$ は，$e^{j\omega}$ と β_i の距離を示しているので，ω の変化によって $|1 - \beta_i e^{-j\omega}|$ がどのように変化するかを図示すると，図 5.8 (b) となる．図 5.8 (b) および $\beta_i = |\beta_i|e^{j\theta}$ より，$\omega = \theta$ であるとき，$|e^{j\omega} - \beta_i|$ が最も小さくなることがわかる．また，$|e^{j\omega} - \beta_i|$ は $\omega = \theta + 2n\pi$（n は整数）でも最小値を示す．つまり，$e^{j\omega}$ は，図 5.8 (a) に示される半径 1 の円（単位円と呼ばれる）上の ω の値によって決められる位置に存在し，$e^{j\omega}$ と β_i の位置関係は $2n\pi$ ごとに繰り返される．

(2)　β_i が複素数根（虚部が負）である場合：
いま，根 β_i が複素数で，

$$\beta_i = R_{\beta_i} + jI_{\beta_i} \tag{5.42}$$

で表されたとすると，$b_i\ (i = 1, \ldots, M)$ が実数のとき，

$$\beta_i^* = R_{\beta_i} - jI_{\beta_i} \tag{5.43}$$

も根となることが知られている．$\beta_i = |\beta_i|e^{j\theta}$ で表すと，$|\beta_i| = |\beta_i^*|$ より

$$\beta_i^* = |\beta_i|e^{-j\theta} \tag{5.44}$$

となり，図 5.8 と同様に，根 β_i^* についても，その複素平面上における

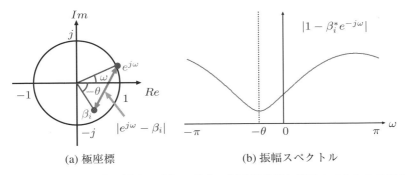

(a) 極座標 (b) 振幅スペクトル

図 5.9 β_i が複素数根（虚部が負）の場合の極座標表示と振幅スペクトルの関係

位置を図 5.9 (a) に，$|1 - \beta_i^* e^{-j\omega}|$ を図 5.9 (b) に示す．図 5.9 (b) および $\beta_i = |\beta_i| e^{j\theta}$ より，$\omega = -\theta$ であるとき，$|e^{j\omega} - \beta_i|$ が最も小さくなることがわかる．また，$|e^{j\omega} - \beta_i|$ は $\omega = -\theta + 2n\pi$（n は整数）でも最小値を示す．つまり，$e^{j\omega}$ は，図 5.9 (a) に示される単位円上の ω の値によって決められる位置に存在し，$e^{j\omega}$ と β_i の位置関係は $2n\pi$ ごとに繰り返される．

(3) β_i が実根 $(\beta_i > 0)$ の場合：

β_i が実根のときを考える．$\beta_i > 0$ の場合を例に，$|1 - \beta_i e^{-j\omega}|$ について図示すると，図 5.10 となる．図 5.8 と同様に，根 β_i についても，その複素平面上における位置を図 5.10 (a) に，$|1 - \beta_i e^{-j\omega}|$ を図 5.10 (b) に示す．図 5.10 (b) より，$\omega = 0$ であるとき，$|e^{j\omega} - \beta_i|$ が最も小さくなることがわかる．また，$e^{j\omega}$ は，図 5.10 (a) に示される単位円上の ω の値によって決められ，β_i は実数軸上に存在することから，$|1 - \beta_i e^{-j\omega}|$ は $\omega = 0$ を中心に対称となることがわかる．

(4) β_i が実根 $(\beta_i < 0)$ の場合：

β_i が実根のときを考える．$\beta_i < 0$ の場合を例に，$|1 - \beta_i e^{-j\omega}|$ について図示すると，図 5.11 となる．図 5.8 と同様に，根 β_i についても，その複素平面上における位置を図 5.11 (a) に，$|1 - \beta_i e^{-j\omega}|$ を図 5.11 (b) に示す．図 5.11 (b) より，$\omega = 0$ であるとき，$|e^{j\omega} - \beta_i|$ が最も大きくなることがわかる．また，$e^{j\omega}$ は，図 5.11 (a) に示される単位円上の ω の値によって

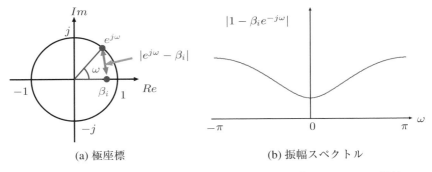

(a) 極座標　　　　　　　　　(b) 振幅スペクトル

図 5.10　β_i が実根 ($\beta_i > 0$) の場合の極座標表示と振幅スペクトルの関係

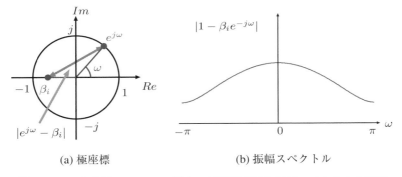

(a) 極座標　　　　　　　　　(b) 振幅スペクトル

図 5.11　β_i が実根 ($\beta_i < 0$) の場合の極座標表示と振幅スペクトルの関係

決められ，β_i は実数軸上に存在することから，$|1 - \beta_i e^{-j\omega}|$ は $\omega = 0$ を中心に対称となることがわかる．

上述した $|1 - \beta_i z^{-1}|$ と同様に，式 (5.36) の分母の項 $|1 - \alpha_i z^{-1}|$ ($i = 1, \ldots, N$) について考える．以下で，α_i が複素数根，実根の場合に分けて説明する．

(1)　α_i が複素数根（虚部が正）の場合

図 5.8 (a) と同様に，$|e^{j\omega} - \alpha_i|$ を図 5.12 (a) に示す．ただし，$\alpha_i = |\alpha_i|e^{j\theta}$ とする．ここで，$|1 - \alpha_i e^{-j\omega}|$ は分母の項であったことから，$1/|1 - \alpha_i e^{-j\omega}|$ を図 5.12 (b) に示す．$|1 - \alpha_i e^{-j\omega}| = |e^{j\omega} - \alpha_i|$ は α_i と $e^{j\omega}$ の距離であるため，$\omega = \theta$ のとき，その値は最小となり，その逆数である $1/|1 - \alpha_i e^{-j\omega}|$ は

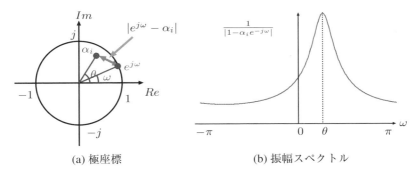

(a) 極座標 (b) 振幅スペクトル

図 5.12 α_i が複素数根（虚部が正）の場合の極座標表示と振幅スペクトルの関係

最大となる．したがって，図 5.12 (b) では，$\omega = \theta$ のときに $1/|1 - \alpha_i e^{-j\omega}|$ が最大値を示している．さらに，$e^{j\omega}$ と β_i の位置関係と同様に，$e^{j\omega}$ と α_i の位置関係が $2n\pi$（n は整数）ごとに繰り返されるので，$1/|1 - \alpha_i e^{-j\omega}|$ は，$\omega = \theta + 2n\pi$（n は整数）で最大値を示す．

(2) α_i が複素数根（虚部が負）の場合：
いま，根 α_i が複素数で，

$$\alpha_i = R_{\alpha_i} + jI_{\alpha_i} \tag{5.45}$$

で表されたとすると，$a_i\,(i = 1, \ldots, M)$ が実数のとき，

$$\alpha_i^* = R_{\alpha_i} - jI_{\alpha_i} \tag{5.46}$$

も根となることが知られている．$\alpha_i = |\alpha_i|e^{j\theta}$ で表すと，$|\alpha_i| = |\alpha_i^*|$ より

$$\alpha_i^* = |\alpha_i|e^{-j\theta} \tag{5.47}$$

となる．図 5.12 と同様に，根 α_i^* についても，その複素平面上における位置を図 5.13 (a) に，$1/|1 - \alpha_i^* e^{-j\omega}|$ を図 5.13 (b) に示す．図 5.13 (b) および $\alpha_i = |\alpha_i|e^{j\theta}$ より，$\omega = -\theta$ であるとき，$|e^{j\omega} - \alpha_i|$ が最も小さくなり，その逆数である $1/|1 - \alpha_i^* e^{-j\omega}|$ は最大となることがわかる．また，$|e^{j\omega} - \alpha_i|$ は $\omega = -\theta + 2n\pi$（n は整数）でも最小値を示す．つまり，$e^{j\omega}$

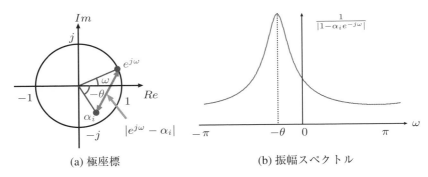

(a) 極座標　　　　　　　　(b) 振幅スペクトル

図 5.13　α_i が複素数根（虚部が負）の場合の極座標表示と振幅スペクトルの関係

は，図 5.13 (a) に示される単位円上の ω の値によって決められる位置に存在し，$e^{j\omega}$ と α_i の位置関係は $2n\pi$ ごとに繰り返される．

(3)　α_i が実根 ($\alpha > 0$) の場合：

α_i が実根のときを考える．$\alpha_i > 0$ の場合を例に，$1/|1 - \alpha_i e^{-j\omega}|$ について図示すると，図 5.14 となる．図 5.12 と同様に，根 α_i についても，その複素平面上における位置を図 5.14 (a) に，$1/|1 - \alpha_i e^{-j\omega}|$ を図 5.14 (b) に示す．図 5.14 (b) より，$\omega = 0$ であるとき，$|e^{j\omega} - \alpha_i|$ が最も小さくなり，その逆数である $1/|1 - \alpha_i e^{-j\omega}|$ は最大となることがわかる．また，$e^{j\omega}$ は，図 5.14 (a) に示される単位円上の ω の値によって決められ，α_i は実数軸上に存在することから，$1/|1 - \alpha_i e^{-j\omega}|$ は $\omega = 0$ を中心に対称となることがわかる．

(4)　α_i が実根 ($\alpha < 0$) の場合：

α_i が実根のときを考える．$\alpha_i < 0$ の場合を例に，$1/|1 - \alpha_i e^{-j\omega}|$ について図示すると，図 5.15 となる．図 5.12 と同様に，根 α_i についても，その複素平面上における位置を図 5.15 (a) に，$1/|1 - \alpha_i e^{-j\omega}|$ を図 5.15 (b) に示す．図 5.15 (b) より，$\omega = 0$ であるとき，$|e^{j\omega} - \alpha_i|$ が最も小さくなり，その逆数である $1/|1 - \alpha_i e^{-j\omega}|$ は最大となることがわかる．また，$e^{j\omega}$ は，図 5.15 (a) に示される単位円上の ω の値によって決められ，α_i は実数軸上に存在することから，$1/|1 - \alpha_i e^{-j\omega}|$ は $\omega = 0$ を中心に対称となるこ

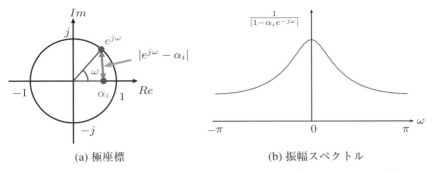

図 5.14 α_i が実根 $(\alpha > 0)$ の場合の極座標表示と振幅スペクトルの関係

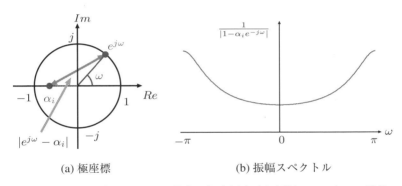

図 5.15 α_i が実根 $(\alpha < 0)$ の場合の極座標表示と振幅スペクトルの関係

とがわかる.

上述の各場合における振幅スペクトルを,表 5.2 にまとめる.

各々の項について,その振幅スペクトルの様子を説明したが,$|H(\omega)|$ のおよその形状を知りたいとき,これらをどのように利用したらよいかについて説明する.まず $H(z)$ が与えられたとき,その分母と分子を一次因数の積に分解し,式 (5.36) の形を得る.式 (5.36) を再び下に記す.

$$|H(z)| = \frac{|b_0||1 - \beta_1 z^{-1}||1 - \beta_2 z^{-1}| \cdots |1 - \beta_M z^{-1}|}{|1 - \alpha_1 z^{-1}||1 - \alpha_2 z^{-1}| \cdots |1 - \alpha_N z^{-1}|} \tag{5.48}$$

$|\beta_i|$ の大きさは,表 5.3 に示すように,$|1 - \beta_i e^{-j\omega}|$ の大きさに影響を与える.

表 **5.2**　振幅スペクトル

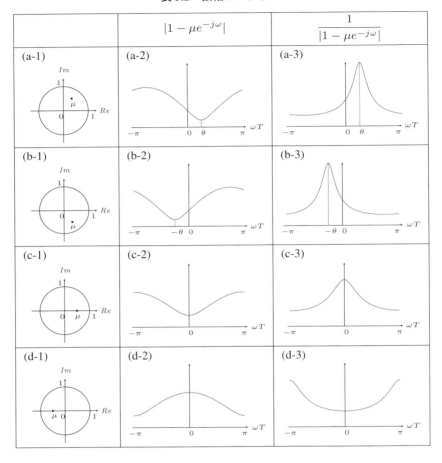

つまり，$|\beta_i| \simeq 1$ のとき，$|1 - \beta_i e^{-j\omega}| \simeq 0$ となり，グラフには大きな "谷"
が現れる．また，表 5.4 より，α_i についても同様の性質が観察できる．つま
り，$|\alpha_i| \to 1$ のとき，$1/|1 - \alpha_i e^{-j\omega}| \to \infty$ となり，グラフには急峻な "山"
が現れる．また，β_i（または α_i）が実数である場合は，$\omega = 0$ を軸とした左
右対称の谷（または山）を生成する．一方，β_i（または α_i）が実数の場合以
外は，β_i^*（または α_i^*）も根となるため，$|1 - \beta_i e^{j\omega}| \cdot |1 - \beta_i^* e^{j\omega}|$（または
$|1 - \alpha_i e^{j\omega}| \cdot |1 - \alpha_i^* e^{j\omega}|$）もまた $\omega = 0$ を軸とした左右対称の形状を示す．

以上をまとめると，$|H(\omega)|$ は，$\omega = 0$ を軸とした左右対称の形状になり，その"谷"の位置は $\beta_i = |\beta_i|e^{j\theta}$ における θ により決まり，その大きさは $|\beta_i|$ により決まる．同様に，その"山"は，位置が $\alpha_i = |\alpha_i|e^{j\theta}$ における θ，大きさは $|\alpha_i|$ により決まる．したがって，システムの振幅スペクトルは，$H(z)$ の分母と分子の根 α_i と β_i を算出することで，その概形が得られることがわかる．このとき，$H(z)$ の振幅スペクトルを dB 表示で求めると，

$$20\log_{10}|H(z)||_{z=e^{j\omega}}$$
$$= 20\log_{10}|b_0| + \sum_{i=1}^{M} 20\log_{10}|1 - \beta_i e^{-j\omega}| - \sum_{j=1}^{N} 20\log_{10}|1 - \alpha_j e^{-j\omega}|$$

$$(5.49)$$

となる．このように，$H(z)$ の振幅スペクトルの dB 表示は，式 (5.48) の各項における振幅スペクトルの dB 表示の和で表される．

演習 16　伝達関数の振幅スペクトル

表 5.3 および表 5.4 に示す，零点と極を持つ伝達関数の振幅スペクトルを参考にして，右図に示す零点と極を持つ伝達関数の振幅スペクトルの概形を図示しなさい．

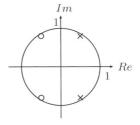

表 5.3 周波数特性（零点）

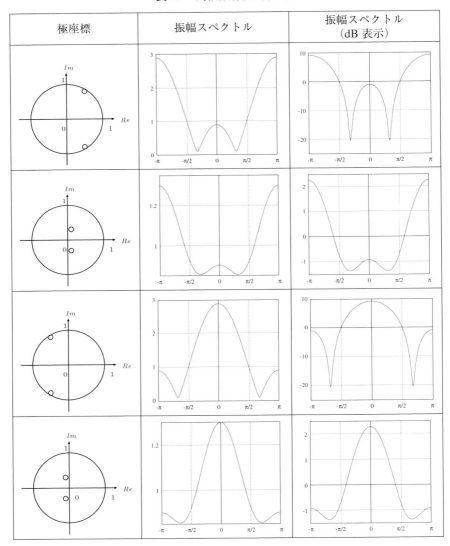

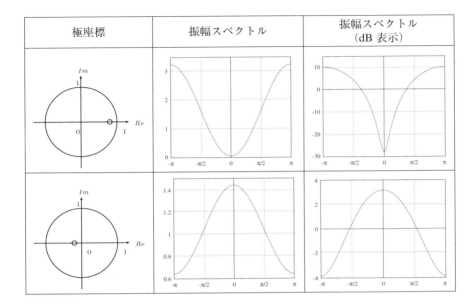

極座標	振幅スペクトル	振幅スペクトル（dB 表示）

表 **5.4**　周波数特性（極）

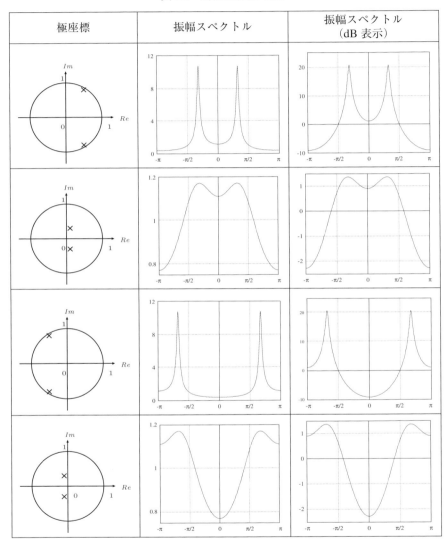

極座標	振幅スペクトル	振幅スペクトル （dB 表示）

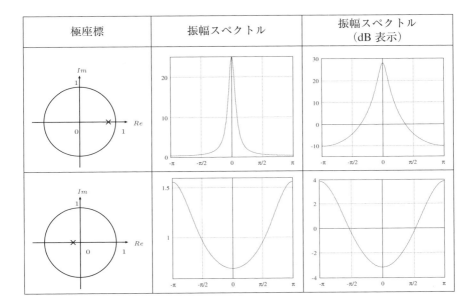

Column 9　デシベル (dB)

2 つの信号の電力の比を表現する単位として，次で定義されるベルが使用されていた．

$$\log \frac{P_2}{P_1}$$

現在では，その $\frac{1}{10}$ の単位をデシベル (dB) として使用している．つまり，

$$10 \log \frac{P_2}{P_1}$$

となる．

　電圧や電流はその二乗が電力に相当するので，

$$20 \log \frac{V_2}{V_1}$$
$$20 \log \frac{I_2}{I_1}$$

で計算される．対数の前の係数が，"10" と "20" で異なっていることに注意しよう．

5.4.2 位相スペクトル

式 (5.35) で示した

$$H(z) = \frac{b_0(1 - \beta_1 z^{-1})(1 - \beta_2 z^{-1}) \cdots (1 - \beta_M z^{-1})}{(1 - \alpha_1 z^{-1})(1 - \alpha_2 z^{-1}) \cdots (1 - \alpha_N z^{-1})} \tag{5.50}$$

について，$z = e^{j\omega}$ を代入し，次式を得る．

$$H(z) = \frac{b_0(1 - \beta_1 e^{-j\omega})(1 - \beta_2 e^{-j\omega}) \cdots (1 - \beta_M e^{-j\omega})}{(1 - \alpha_1 e^{-j\omega})(1 - \alpha_2 e^{-j\omega}) \cdots (1 - \alpha_N e^{-j\omega})} \tag{5.51}$$

さらに，

$$1 - \alpha_i e^{-j\omega} = |1 - \alpha_i e^{-j\omega}| e^{j\Phi_{\alpha_i}} \tag{5.52}$$

$$1 - \beta_i e^{-j\omega} = |1 - \beta_i e^{-j\omega}| e^{j\Phi_{\beta_i}} \tag{5.53}$$

と表し，右辺を変形して次式を得る．

$$H(\omega) = \frac{b_0|1 - \beta_1 e^{-j\omega}| e^{j\Phi_{\beta_1}}|1 - \beta_2 e^{-j\omega}| e^{j\Phi_{\beta_2}} \cdots |1 - \beta_M e^{-j\omega}| e^{j\Phi_{\beta_M}}}{|1 - \alpha_1 e^{-j\omega}| e^{j\Phi_{\alpha_1}}|1 - \alpha_2 e^{-j\omega}| e^{j\Phi_{\alpha_2}} \cdots |1 - \alpha_N e^{-j\omega}| e^{j\Phi_{\alpha_N}}} \tag{5.54}$$

この $H(z)$ の位相スペクトルは，

$$\arg H(z)|_{e^{j\omega}}$$
$$= \arg(1 - \beta_1 e^{-j\omega}) + \arg(1 - \beta_2 e^{-j\omega}) + \cdots + \arg(1 - \beta_M e^{-j\omega})$$
$$- \{\arg(1 - \alpha_1 e^{-j\omega}) + \arg(1 - \alpha_2 e^{-j\omega}) + \cdots + \arg(1 - \alpha_N e^{-j\omega})\} \tag{5.55}$$

ここで，

$$H(\omega) = |H(\omega)| e^{j\Phi(\omega)} \tag{5.56}$$

だから，位相スペクトル $\Phi(\omega)$ は，

$$\Phi(\omega) = \sum_{i=1}^{M} \Phi_{\beta_i(\omega)} - \sum_{i=1}^{N} \Phi_{\alpha_i(\omega)} \tag{5.57}$$

で与えられる．以下で，$\Phi_{\beta_i(\omega)}, \Phi_{\alpha_i(\omega)}$ について考えてみる．

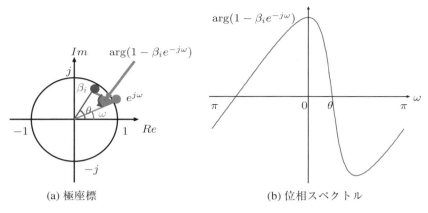

(a) 極座標   (b) 位相スペクトル

図 5.16　$\Phi_{\beta_i(\omega)}$ の極座標表示と位相スペクトル

(1)　$\Phi_{\beta_i(\omega)}$：
いま，$\Phi_{\beta_i(\omega)}$ について考えてみると，

$$1 - \beta_i e^{-j\omega} = |1 - \beta_i e^{-j\omega}| e^{j\Phi_{\beta_i(\omega)}} \tag{5.58}$$

であり，

$$\begin{aligned}
\Phi_{\beta_i(\omega)} &= \arg\left\{1 - \beta_i e^{-j\omega}\right\} \\
&= \arg\left\{e^{-j\omega}(e^{j\omega} - \beta_i)\right\}
\end{aligned} \tag{5.59}$$

つまり，$\Phi_{\beta_i(\omega)}$ は，図 5.16 (a) に示す角度を求めることに等しい．ω の変化によるこの角度の変化を見ると，図 5.16 (b) に示されるように，

$$\Phi_{\beta_i(\omega)} = \arg\left\{1 - \beta_i e^{-j\omega}\right\} \tag{5.60}$$

が得られる．

(2)　$\Phi_{\alpha_i(\omega)}$：
いま，$\Phi_{\alpha_i(\omega)}$ について考えてみると，

$$1 - \alpha_i e^{-j\omega} = |1 - \alpha_i e^{-j\omega}| e^{j\Phi_{\alpha_i(\omega)}} \tag{5.61}$$

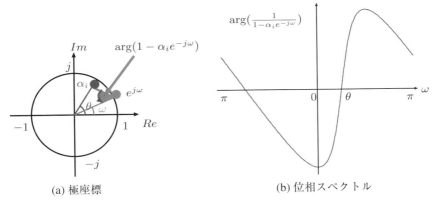

(a) 極座標   (b) 位相スペクトル

図 5.17 $\Phi_{\alpha_i(\omega)}$ の極座標表示と位相スペクトル

であり，

$$
\begin{aligned}
\Phi_{\alpha_i(\omega)} &= \arg\left\{1 - \alpha_i e^{-j\omega}\right\} \\
&= \arg\left\{e^{-j\omega}(e^{j\omega} - \alpha_i)\right\}
\end{aligned}
\tag{5.62}
$$

つまり，$\Phi_{\alpha_i(\omega)}$ は，図 5.17 (a) に示す角度を求めることに等しい．ω の変化によるこの角度の変化を見ると，図 5.17 (b) に示されるように，

$$
\Phi_{\alpha_i(\omega)} = \arg\left\{1 - \alpha_i e^{-j\omega}\right\}
\tag{5.63}
$$

が得られる．

すべての $\Phi_{\beta_i(\omega)}$ $(i = 1, \ldots, M)$ および $\Phi_{\alpha_i(\omega)}$ $(i = 1, \ldots, N)$ について算出し，式 (5.57) により $\Phi(\omega)$ を算出することで，位相スペクトルが得られる．

演習 17 | 周波数特性の計算

次式で表される伝達関数 $H_1(z)$ および $H_2(z)$ について次の問題に答えなさい．

(1) 伝達関数 $H_1(z)$ および $H_2(z)$ の周波数特性を計算しなさい．

(2) 伝達関数 $H_1(z)$ および $H_2(z)$ の振幅スペクトルの概形を図示しなさい．

(3)　伝達関数 $H_1(z)$ および $H_2(z)$ が示すシステムのインパルス応答を求
　　めなさい.

$$H_1(z) = 1 + 0.4z^{-1}$$

$$H_2(z) = \frac{1}{1 + 0.4z^{-1}}$$

Column 10　FIR システムと IIR システム

　システムには, 有限個のインパルス応答を持つシステム, すなわちシステ
ムの応答が有限時間で終わるシステムと, 無限個のインパルス応答を持
つシステム, すなわちシステムの応答が無限に続くシステムが存在する.
前者を**有限インパルス応答システム** (finite impulse response system, FIR
システム), 後者を**無限インパルス応答システム** (infinite impulse response
system, IIR システム) と呼ぶ. 演習 17 の伝達関数 $H_1(z)$ は有限インパ
ルス応答システム, $H_2(z)$ は無限インパルス応答システムである.

5.5　離散時間システムの安定性

　システムが安定 (stable) であるとは, あるシステムに有界な信号を入力した
とき, 得られる出力信号もまた有界であることをいう. この安定性は, **有限入
力有限出力安定**（bounded input bounded output stability, BIBO 安定）といわれ
る. すなわち, 信号 $x[n]$ が有界であることは,

$$\sum_{n=0}^{\infty} |x[n]| < \infty \tag{5.64}$$

で表されるので, この式を満足する信号 $x[n]$ をシステムに入力して得られる出
力信号 $y[n]$ が,

$$\sum_{n=0}^{\infty} |y[n]| < \infty \tag{5.65}$$

を満足するとき，そのシステムは安定であるという．ここで，出力信号は，入力信号とシステムのインパルス応答のたたみ込みで得られるため，

$$y[n] = \sum_{k=0}^{\infty} h[k]x[n-k] \tag{5.66}$$

で表される．いま，$x[n]$ が式 (5.64) を満足するとき，式 (5.66) から，

$$|y[n]| = \left| \sum_{k=0}^{\infty} h[k]x[n-k] \right| \tag{5.67}$$

が得られる．上式は，次のように不等式を用いて変形することができる．

$$|y[n]| \le \sum_{k=0}^{\infty} |h[k]||x[n-k]| \tag{5.68}$$

さらに，式 (5.64) より $x[n]$ は有界であるから，$|x[n]|$ の最大値を B_x とすると，

$$|x[n]| \le B_x \tag{5.69}$$

で表され，上式を式 (5.68) に代入すると，

$$|y[n]| \le B_x \sum_{k=0}^{\infty} |h[k]| \tag{5.70}$$

となる．したがって，$y[n]$ が式 (5.65) を満足するためには，

$$\sum_{n=0}^{\infty} |h[n]| < \infty \tag{5.71}$$

を満足する必要がある．

　ここで，インパルス応答が有界であるための伝達関数 $H(z)$ の条件について考える．伝達関数

$$H(z) = \frac{b_0 + b_1 z^{-1} + b_2 z^{-2} + \cdots + b_M z^{-M}}{a_0 + a_1 z^{-1} + a_2 z^{-2} + \cdots + a_N z^{-N}} \tag{5.72}$$

の分母を，伝達関数の振幅スペクトルを求めたときと同様に因数分解し，次式が得られたとする．

$$H(z) = \frac{b_0 + b_1 z^{-1} + b_2 z^{-2} + \cdots + b_M z^{-M}}{(1 - \alpha_1 z^{-1})(1 - \alpha_2 z^{-1}) \cdots (1 - \alpha_N z^{-1})} \tag{5.73}$$

ただし，いま，簡単のために，$a_0 + a_1 z^{-1} + \cdots + a_M z^{-M} = 0$ において重根は存在しなかったと仮定する．さらに，$H(z)$ を部分分数展開すると，次式が得られる．

$$H(z) = q_0 + \frac{q_1}{1 - \alpha_1 z^{-1}} + \frac{q_2}{1 - \alpha_2 z^{-1}} + \cdots + \frac{q_N}{1 - \alpha_N z^{-1}} \tag{5.74}$$

ここで，各項を逆 z 変換することにより，次式のようにインパルス応答が得られる．

$$h[n] = q_0 \delta[n] + q_1 \{\alpha_1\}^n + \cdots + q_N \{\alpha_N\}^n \tag{5.75}$$

このとき，システムが安定であるためには，式 (5.71) が成り立つ必要があり，式 (5.75) で表されたインパルス応答 $h[n]$ が次式を満足する必要がある．

$$\sum_{n=0}^{\infty} |h[n]| = \sum_{n=0}^{\infty} |q_0 \delta[n] + q_1 \{\alpha_1\}^n + \cdots + q_N \{\alpha_N\}^n| < \infty \tag{5.76}$$

上式が成り立つためには，

$$\lim_{n \to \infty} q_i \{\alpha_i\}^n \to 0 \qquad (i = 1, \ldots, N) \tag{5.77}$$

である必要がある．これは，すなわち，

$$|\alpha_i| < 1 \qquad (i = 1, \ldots, N) \tag{5.78}$$

であり，これは，$H(z)$ の分母のすべての根が単位円内に存在することを示している．

　伝達関数の分母の根と，システムの安定性について，表 5.5 を見ながら確認してみよう．伝達関数として，

$$H(z) = \frac{1}{1 - \alpha z^{-1}} \tag{5.79}$$

とし，表 5.5 では，分母に 1 つだけ正の実数値 α の根を持つ場合が図示されている．$|\alpha| < 1$ である場合，インパルス応答は，時刻の経過とともに $|h[n]|$ が小さくなり，$n \to \infty$ で $|h[n]| \to 0$ となることから，$\sum_{n=0}^{\infty} |h[n]| < \infty$ が確認

表 5.5 システムの安定性

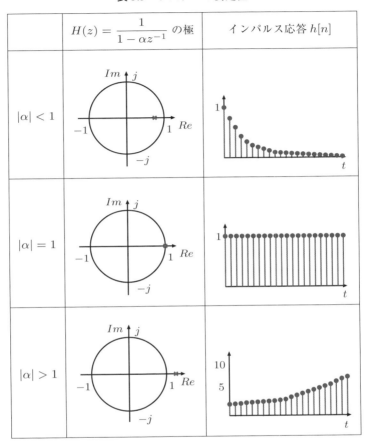

	$H(z) = \dfrac{1}{1-\alpha z^{-1}}$ の極	インパルス応答 $h[n]$
$\|\alpha\| < 1$		
$\|\alpha\| = 1$		
$\|\alpha\| > 1$		

できる．また，$|\alpha| = 1$ の場合は，$|h[n]| = 1$ であり，式 (5.71) を満足しない．また，$|\alpha| > 1$ のとき，$|h[n]|$ は時刻の経過とともに大きくなり，式 (5.71) を満足しない．したがって，$|\alpha| \geq 1$ の場合，システムは不安定であることが確認できる．

■ 例題 10　システムの安定性の判別

伝達関数が次のように与えられている．システムの安定性を判別しなさい．

$$(1)\ H_1(z) = \frac{1}{1 - \frac{2}{3}z^{-1} + \frac{5}{3}z^{-2}} \tag{5.80}$$

$$(2)\ H_2(z) = \frac{1}{\frac{5}{3} - \frac{2}{3}z^{-1} + z^{-2}} \tag{5.81}$$

$$(3)\ H_3(z) = \frac{1 + z^{-4} - 2z^{-8}}{1 - z^{-2}} \tag{5.82}$$

□ 例題解答 10

(1) $H_1(z)$ について，分母 = 0 となる z は

$$z^2 - \frac{2}{3}z + \frac{5}{3} = 0 \tag{5.83}$$

$$z = \frac{1}{3} \pm \sqrt{\left(\frac{1}{3}\right)^2 - 1 \cdot \frac{5}{3}} = \frac{1 \pm j\sqrt{14}}{3} \tag{5.84}$$

であることから，極 (α_1, α_2) は，

$$(\alpha_1,\ \alpha_2) = \left(\frac{1 + j\sqrt{14}}{3},\ \frac{1 - j\sqrt{14}}{3}\right)\quad (\text{順不同}) \tag{5.85}$$

となる．以上より，

$$|\alpha_1| = |\alpha_2| = \frac{\sqrt{15}}{3} > 1 \tag{5.86}$$

となり，極が単位円外にあることから，システムは不安定．

(2) $H_2(z)$ について，分母 = 0 となる z は

$$\frac{5}{3}z^2 - \frac{2}{3}z + 1 = 0 \tag{5.87}$$

を解くことで得られる．(1) より，

$$z = \frac{3}{1 \pm j\sqrt{14}} = \frac{3(1 \pm j\sqrt{14})}{1 + 14} = \frac{1 \pm j\sqrt{14}}{5} \tag{5.88}$$

となることから，極 (α_1, α_2) は，

$$(\alpha_1,\ \alpha_2) = \left(\frac{1 + j\sqrt{14}}{5},\ \frac{1 - j\sqrt{14}}{5} \right) \quad \text{（順不同）} \tag{5.89}$$

となる．以上より，

$$|\alpha_1| = |\alpha_2| = \frac{\sqrt{15}}{5} < 1 \tag{5.90}$$

となり，極が単位円内にあることから，システムは安定．

(3) $H_3(z)$ は

$$
\begin{aligned}
H_3(z) &= \frac{1 + z^{-4} - 2z^{-8}}{1 - z^{-2}} \\
&= \frac{(1 - z^{-2})(1 + z^{-2} + 2z^{-4} + 2z^{-6})}{1 - z^{-2}} \\
&= 1 + z^{-2} + 2z^{-4} + 2z^{-6}
\end{aligned} \tag{5.91}
$$

と展開できる．インパルス応答が有界であることから，システムは安定．

演習 18   システムの安定性

伝達関数が次のように与えられている．システムの安定性を判別しなさい．

$$H_1(z) = \frac{1}{1 - 1.2944z^{-1} + 0.64z^{-2}}$$

$$H_2(z) = \frac{1}{0.64 - 1.2944z^{-1} + z^{-2}}$$

$$H_3(z) = \frac{1 - z^{-4}}{1 - z^{-1}}$$

5.6　フィルタの種類と特性

　フィルタ (filter) とは，様々な信号の中から望みの信号だけを取り出すシステムである．すなわち，様々な信号が混じり合ったものを入力するとき，必要な信号だけを通過させる，あるいは不要な信号を取り除くシステムである．

　フィルタは表 5.6 に示す**低域通過フィルタ** (low pass filter, LPF)，**帯域通過フィルタ** (band pass filter, BPF)，**高域通過フィルタ** (high pass filter, HPF) の 3 種類に大別される．これらの名称は，通過させたい信号の周波数帯に注目して付けられている．例えば，低域通過フィルタは，低い周波数の信号を通過させる目的で使用する．

　一方，通過させたくない信号を除去する目的でフィルタを使用する場合があり，除去する信号の周波数の帯域に注目して，**低域除去フィルタ** (low cut filter, LCF)，**帯域除去フィルタ** (band elimination filter, BEF)，**高域除去フィルタ** (high cut filter, HCF) が存在する．それらをまとめて，表 5.7 に示す．

　フィルタの振幅スペクトルにおける各種名称について，図 5.18 を用いて説明する．信号を通過させる帯域を**通過域** (pass band)，信号を通過させない帯域を**阻止域** (stop band)，通過域から阻止域への推移帯域を**遷移域** (trasitional band) と呼ぶ．また，フィルタにおける通過域と阻止域の振幅の差を減衰量 (attenuation)，通過域の終わる周波数を通過域カットオフ周波数 (pass band cut-off frequency)，阻止域の始まる周波数を阻止域カットオフ周波数 (stop band cut-off frequency) と呼び，通過域カットオフ周波数と阻止域カットオフ周波数をまとめてカットオフ周波数 (cut-off frequency) と呼ぶ．

表 5.6 フィルタの種類およびその特性 1（斜線部分を通過する）

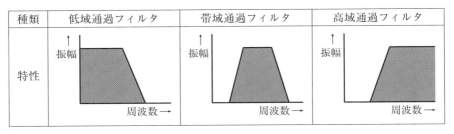

表 5.7 フィルタの種類およびその特性 2（斜線部分を通過する）

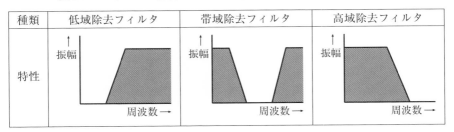

演習 19 　低域通過フィルタの例

(1) 次の FIR システム $H_1(z)$ が低域通過フィルタであることを確かめなさい.

$$H_1(z) = \frac{-3 + 12z^{-1} + 17z^{-2} + 12z^{-3} - 3z^{-4}}{35}$$

(2) 次の IIR システム $H_2(z)$ が低域通過フィルタであることを確かめなさい.

$$H_2(z) = \frac{0.5}{1 - 0.5z^{-1}}$$

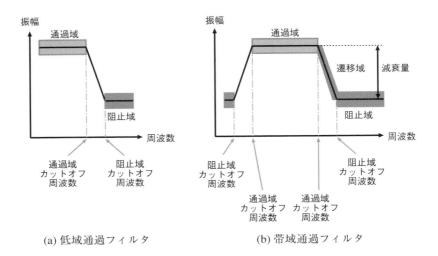

(a) 低域通過フィルタ

(b) 帯域通過フィルタ

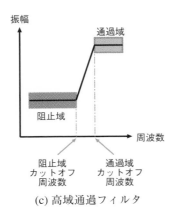

(c) 高域通過フィルタ

図 **5.18**　フィルタの各部名称

Column 11 　低域通過フィルタの使用例

アナログ信号から離散時間信号を得る場合，1.2 節で説明したように，サンプリング定理を満足するようにサンプリング周波数を設定する必要がある．しかしながら，実際の信号には雑音が混入している恐れがあり，信号の最高周波数を得ることが困難となる．このような場合，信号に低域通過フィルタを施し，信号の最高周波数を低域通過フィルタのカットオフ周波数として任意に設定することで，サンプリング定理を満足するサンプリング周波数を得ることが可能となる．

―――――――――― **章末問題** ――――――――――

問 5.1 次式で与えられるシステムについて答えなさい．

$$y[n] = x[n] + 0.25x[n-2] + 0.9y[n-1] - 0.81y[n-2]$$

(1) システムの構成を図示しなさい．

(2) システムの伝達関数 $H(z)$ を求めなさい．

(3) 伝達関数 $H(z)$ の極と零点を求め，z 平面上に図示しなさい．

(4) システムの安定性を判別しなさい．

(5) (3) で求めた伝達関数 $H(z)$ の極と零点の z 平面上の配置から，$H(z)$ の振幅スペクトルを図示しなさい．

問 5.2 以下のシステムについて答えなさい．

① システム 1

$$y[n] = x[n] + \frac{1}{\sqrt{2}}x[n-1] + \frac{1}{4}x[n-2]$$

② システム 2

$$y[n] = 0.5x[n] + x[n-1] - 0.5y[n-1]$$

  (1) 各システムの伝達関数を求めなさい.

  (2) 各システムの極と零点を求め，z 平面上に図示しなさい.

  (3) 各システムの安定性を判別しなさい.

  (4) 各システムは，FIR システムか IIR システムか答えなさい.

問 5.3 通過域カットオフ周波数 $F_p = 5$ [kHz]，阻止域カットオフ周波数 $F_s = 7$
[kHz]，周波数が 0 のときの振幅の値が 1 である低域通過フィルタを考
える．このフィルタの振幅スペクトルを，横軸を周波数，縦軸を振幅
として図示しなさい.

問 5.4 最高周波数が 10 kHz の実信号を保持している．いま，この信号のサン
プリング周波数を 8 kHz に変更したい．信号にどのようなフィルタを
施せばよいか答えなさい.

参考文献

[1] A.V. Oppenheim and R.W. Schafer, Discrete-Time Signal Processing, Prentice Hall (1989)

[2] D.F. Elliott, Handbook of Digital Signal Processing: Engineering Applications Academic Press, inc. (1987)

[3] 貴家仁志, ディジタル信号処理, 昭晃堂 (1997)

[4] 辻井重男監修, ディジタル信号処理の基礎, 電子情報通信学会 (1988)

[5] 大類重範, ディジタル信号処理, 日本理工出版会 (2001)

[6] 浜田望, よくわかる信号処理, オーム社 (1995)

[7] 樋口龍雄, 川又政征, MATLAB 対応 ディジタル信号処理, 昭晃堂 (2000)

[8] 武部幹, 高橋宣明, 西川清, ディジタル信号処理, 丸善株式会社 (2004)

索 引

索　引

Memorandum

Memorandum

Memorandum

〈著者略歴〉

長谷山 美紀（はせやま　みき）

1986 年　北海道大学工学部電子工学科卒業
1988 年　北海道大学大学院工学研究科電子工学専攻修士課程修了
1989 年　北海道大学応用電気研究所（現 電子科学研究所）助手
1994 年　北海道大学工学部助教授
1995 年　Washington University Visiting Associate Professor
1997 年　北海道大学大学院工学研究科助教授
2004 年　北海道大学大学院情報科学研究科助教授
2006 年　北海道大学大学院情報科学研究科教授
2019 年　北海道大学大学院情報科学研究院教授
　　　　　現在に至る

原理がわかる
信号処理
Signal Processing Principles

2021 年 8 月 15 日　初版 1 刷発行
2024 年 9 月 10 日　初版 2 刷発行

著　者　長谷山美紀　ⓒ2021

発行者　南條光章

発行所　**共立出版株式会社**

郵便番号 112-0006
東京都文京区小日向 4 丁目 6 番 19 号
電話 (03) 3947-2511（代表）
振替口座 00110-2-57035 番
www.kyoritsu-pub.co.jp

印　刷　加藤文明社

製　本　協栄製本

検印廃止
NDC 547.1

ISBN 978-4-320-08651-7

一般社団法人
自然科学書協会
会員

Printed in Japan